하리하라의
과학 배틀

청소년을 위한
11가지 과학 토론

하리
하리나의
과학
배틀

이은희 글 구희 그림

비룡소

차례

안녕하세요! 과학 커뮤니케이터 하리하라입니다.

'하리하라의 과학 배틀'에 오신 것을 환영합니다.
이제부터 일상 속 다양한 주제를 과학적으로 다루어볼 거예요.
과학적으로 읽고 질문하며 생각하는 연습을 할 수 있게 말이에
요. 그런 다음 찬반 토론을 하며 각각의 주장과 근거를 짚어보려
고 합니다. 과연 찬반의 주장은 얼마나 논리적인 타당성을 지니
고 있을까요? 또, 여러분은 어느 의견에 동의하게 될까요?
자, 그러한 과정을 차니와 바니가 여러분과 함께합니다. 그럼 시
작해 볼까요?

차니

사고 싶은 것도 먹고 싶은 것도 많은 중학생.
자신이 피해 보는 것이 싫은 만큼 부당하다고
생각한 일에는 참지 않는 당찬 성격.
#긍정적 #단순명쾌

바니

세상을 다소 차가운 시선으로 보는 중학생.
반면 사람은 따뜻한 눈으로 보고 객관적으로
상황을 생각하려고 노력하는 신중한 성격.
#현실적 #냉정

흙수저는
답이 없다?

계층 대물림은
어쩔 수 없는 현상이다.

#금수저   #계층   #네트워크   #불평등   #사회제도

오늘부터는 수학 학원 너 혼자 가.

 왜? 너 나한테 삐친 거 있어?

아냐, 그런 거.
사실은 수학 학원 그만뒀거든.

 갑자기? 야, 그나마 너 때문에
수학 학원 다녔는데, 난 어떡하라고.
웬만하면 같이 다니자, 응?

나도 그러고 싶은데, 안 돼.
요즘 우리 집 사정이 안 좋대.
너도 알잖아, 그 학원 엄청 비싼 거.

 그래도 학원 다니는 게 낫지 않아?
비싸긴 해도, 잘 가르친다고 소문난 곳이잖아.
너도 여기 들어오느라 레벨 테스트 엄청
준비했지?

누가 좋은 거 모르냐.
하지만 난 금수저가 아닌걸.
형편대로 살아야지.

동물사회의 네트워크

금수저! 흙수저!
도대체 누가 만든 말이야?

안녕하세요! 하리하라입니다. 첫 번째 주제는 '금수저'입니다. 금수저가 과학이랑 무슨 상관이냐고요? 언젠가부터 우리 사회에는 때아닌 수저론이 대세입니다. 사실 숟가락에 빗대어 계급이나 계층을 이야기하는 것은 우리 전통이 아닙니다. 오래전 유럽에서 귀족 아이들은 은으로 만든 식기로 음식을 먹고, 빈민가 아이들은 나무를 깎아 만든 식기로 음식을 먹었습니다. 여기서 기인해 부유한 환경에서 태어난 아이를 은숟가락silver spoon, 가난한 환경에서 태어난 아이를 나무숟가락 wooden spoon이라 부르는 관습이 있었고요.

　그런데 그 관습이 수백 년 뒤 한국에서는 금수저에서 흙수저까지, 수많은 수저로 이루어진 계층론으로 바뀌었지요. 핏줄에 따른 전통 사회의 신분제도는 거의 사라졌지만, 부모의 물질적·사회적 자산이 마치 타고난 신분처럼 대물림되는 현대 사회에 대한 자조적 표현이기도 합니다. 그런데 자연에서도 이런 모습을 볼 수 있다는 사실을 알고 있나요?

　육식동물인 하이에나 중 가장 잘 알려진 것은 점박이하이에나입니다. 몸길이 1.3~1.65미터 내외에 몸무게 60~80킬로그램 정도로 사람과 비슷한 크기인 점박이하이에나는, 수십에서 백여 마리에 가까운 개체들이 클랜clan이라는 집단을 이루며 살아가는 사회적 동물입니다. 그중 덩치가 크고 경험이 많은 개체가 우두머리가 되어 집단을 이끌지요. 사실 하이에나가 처음 과학자들의 관심을 끌게 된 것은 포유류에서는 드물게 하이에나 클랜의 우두머리가 늘 암컷이기 때문입니다.

포유류의 경우 임신과 출산과 수유를 암컷이 전담하기에, 대개 암컷은 새끼를 돌보고 수컷은 집단의 물리적·사회적 통솔을 담당하는 모습이 많이 나타납니다. 암컷을 두고 경쟁하는 수컷의 덩치가 암컷보다 더 큰 경우가 많고요. 하지만 하이에나의 경우, 암컷이 평균적으로 수컷보다 10퍼센트 이상 더 큽니다. 동물들은 사람처럼 무기를 따로 사용하는 것이 아니기 때문에 체구가 크다는 것은 그만큼 육체적 힘이 강하다는 것과 연결됩니다. 그러다 보니 체구가 더 큰 암컷 하이에나가 수컷보다 우두머리가 될 가능성이 더 크지요.

또한 하이에나 암컷이 수컷보다 더 강한 것은 사회적 네트워크입니다. 단지 덩치만 크다고 수십 마리가 이룬 조직의 우두머리가 될 수 있는 것은 아닙니다. 아무리 강해도 한 마리가 다른 모든 구성원을 때려눕힐 수는 없는 법이니까요. 그래서 각각의 하이에나는 하나의 클랜 속에서 저마다의 네트워크를 구성합니다. 같은 반 친구들 사이에서도 끼리끼리 노는 것처럼 말이지요. 그리고 이 네트워크가 든든할수록 클랜에서의 위상도 단단해집니다.

하이에나 암컷은 원래 태어난 클랜에서 뿌리를 내리고 평생을 살아가지만, 하이에나 수컷은 다 자라서 성체가 되면 태어난 클랜을 떠나야 합니다. 이렇게 성체가 된 개체 중 한쪽 성이 원래의 집단을 떠나는 것은 근친 번식으로 집단의 유전자가 단일화되는 것을 막기 위해서입니다. 본능적인 현상이지요. 하지만 하이에나는 원래 집단생활을 하는 동물이라 혼자서는 살아가기 어렵습니다. 수컷이 살려면 다른 암컷 우두머리가 받아들여 주는 새로운 클랜에 들어가야 합니다. 이렇게 성체가 된 수컷은 하이에나 클랜에서 낯선 이방인이 될 수밖에 없으며, 사회적 네트워크가 약해서 우두머리로 추앙받기 어렵지요.

하이에나의 계층 대물림, 어떻게 이루어질까?

그간 많은 연구자들이 하이에나의 모계사회에 대해서 연구했지만, 클랜의 우두머리가 어떻게 교체되는지는 잘 알려지지 않았습니다. 그런데 2021년 7월에 흥미로운 연구가 발표되었습니다. 하이에나 클랜에서는 암컷 우두머리의 암컷 새끼 중 하나가 그 지위를 이어받을 가능성이 높은데, 이는 우두머리 어

점박이하이에나 어미와 새끼. 점박이하이에나는 주로 사하라사막 이남의 아프리카에 무리를 이루어 생활하며, 집단의 우두머리는 암컷이 차지한다.

미의 든든한 사회적 네트워크가 대물림되기 때문이라는 것입니다.

점박이하이에나의 수명은 약 12~20년이며, 16주의 임신 기간을 거쳐 1~2마리의 새끼를 낳습니다. 갓 태어난 새끼 하이에나는 생후 약 2년간 어미 곁에 붙어서 생활하지요. 이 과정에서 새끼 하이에나는 어미의 사회적 네트워크 구성원과 긴밀하게 연결되고, 자라면서 어미의 네크워크를 그대로 물려받게 됩니다.

이렇게 형성된 새끼 하이에나의 사회적 네트워크는 불의의 사고로 어미와 떨어지거나 어미가 죽은 뒤에도 최장 6년간 유지되며 새끼 하이에나가 클랜 내에서 든든한 뿌리를 내리도록 돕습니다. 어미가 우두머리인 경우, 태어나면서부터 어미와 긴밀한 관계에 놓인 힘 좀 쓴다는 이모들과 함께하고 그들이 낳은 새끼들과 함께 자라기에 다음번 우두머리가 되는 데 훨씬 더 유리한 고지를 선점하게 되는 것이죠. 이런 사회적 네트워크의 대물림은 낮은 서열의 하이에나보다 높은 서열의 하이에나에게서 더 분명하게 나타난다고 합니다.

'낮은 서열의 하이에나로 태어났다고 해도 사회적 네트워크를 잘 형성하는 경우도 있지 않을까?' 하는 의문이 들기도 합니다. 하지만 낮은 서열의 하이에나는 사회적 네트워크를 만들기가 훨씬 더 어렵습니다.

클랜 내에서도 하이에나는 먹이나 자리를 두고 종종 다투게 되는데, 낮은 서열의 암컷들은 높은 서열의 암컷들을 만나면 자리를 피하는 경향이 있습니다. 싸워서 이기기 어려운 상대에게 대드는 것은 위험하니까요. 그러다 보니 낮은 서열의 어미에게서 태어난 새끼는 다른 하이에나들과 함께하며 관계를 맺을 기회가 적을 수밖에 없습니다.

반대로 높은 서열의 어미에게서 태어난 새끼는 어미를 따라다니며 다양한 하이에나들을 만나고 그들과 친밀한 관계를

맺을 기회가 많이 주어집니다. 애초에 주어진 기회가 다르다
보니, 어미의 서열에 따라 사회적 네트워크를 형성하는 것이
달라질 수밖에 없지요.

동물사회를 연구하고 해석할 때
주의할 점

하이에나 클랜에서 사회적 네트워크가 중요하고, 이는 철
저히 어미의 사회적 지위로부터 고스란히 대물림된다는 것을
우리는 어떻게 받아들여야 할까요? 인간은 동물사회를 연구
할 때 단지 현상을 아는 것에서 그치지 않고, 나름의 해석을
붙이기도 합니다. 하지만 이 과정에서 아주 주의하지 않으면,
동물사회에 대한 연구와 해석은 인간 사회에서 벌어지는 다양
한 모순을 정당화시키는 도구가 될 수도 있습니다.

조류는 자신이 키울 수 있는 것보다 한두 개 정도 알을 더
낳는 경향이 있습니다. 만약 날씨가 온화하고 먹잇감이 풍부
하면, 어미는 평소보다 더 많은 새끼를 키울 수 있습니다. 반면
먹을 것이 예년과 비슷하거나 적은 편이라면, 모든 새끼를 다
키우기 어려워집니다. 그럼 어미는 가장 덩치가 크고 많이 조

르며 높은 목소리로 울어대는 새끼부터 먹이를 나눠줍니다. 결국 덩치가 큰 새끼는 충분한 먹이를 먹고 무사히 클 수 있지만, 덩치가 작고 약한 새끼는 제대로 먹지 못해 더욱 왜소해지고 결국 도태되지요. 이런 일은 자연에서 '자연스럽게' 일어나는 현상입니다. 하지만 이를 해석해 인간 사회에 적용히는 것은 다른 문제입니다.

이 현상은 흔히 자원이 충분치 못한 경우, 더 성공할 가능성이 높은 쪽에게 자원을 몰아주는 것이 자연스러운 일이라고 여겨지게 만듭니다. 우리나라에서도 모두가 잘살기 위해서는 잘나가는 대기업 몇 개만 밀어주는 것이 낫다며 중소기업에게 희생을 강요하는 경우가 많았지요. 하지만 이런 해석은 문제를 외면하게 하고 특정 사람들에게만 이익이 돌아가게 하는 수단이 될 수 있습니다.

자연에 대한 해석은 우리가 가진 모순과 부조리를 정당화시키는 것이 아니라, 사회를 지금보다 더 나은 방향으로 발전시키는 데 필요한 것이어야 하지 않을까요? 약한 개체를 도태시키는 것이 자연스러운 것이 아니라, 그들이 도태되지 않도록 충분한 자원을 확보하고 이를 골고루 분배하는 것이 필요하다고 해석하는 것처럼 말입니다.

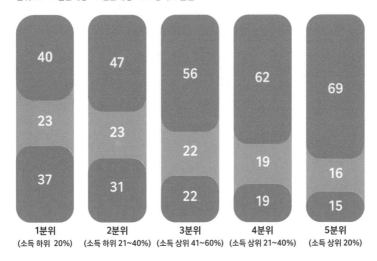

40	47	56	62	69
23	23	22	19	16
37	31	22	19	15
1분위 (소득 하위 20%)	**2분위** (소득 하위 21~40%)	**3분위** (소득 상위 41~60%)	**4분위** (소득 상위 21~40%)	**5분위** (소득 상위 20%)

부모 소득에 따른 1999년생 자녀의 고등교육 수준. 부모 소득이 상위 20퍼센트인 5분위 집단의 일반 대학 진학률이 가장 높은 것을 알 수 있다.

불평등을 해소할 수는 없지만
차이를 줄일 수는 있다

누군가는 하이에나 사회를 보면서 계층의 대물림은 자연스러운 것이고 어쩔 수 없는 것이라며 체념할지도 모릅니다. 하지만 여기서 우리가 읽어내야 하는 건 사회적 네트워크와 이를 형성할 기회의 중요성입니다.

새끼 하이에나의 성장을 돕는 핵심 요소는 하이에나들과

의 친밀하고 든든한 관계입니다. 낮은 서열 하이에나의 계층이 새끼에게 대물림되는 것은 사회적 네트워크에 편입되지 못했기 때문이고요. 낮은 서열의 어미에게서 태어났더라도 하이에나들이 모여있을 때 도망치지 않고 계속 어울릴 기회가 주어진다면, 계층이 달라질 수 있을지도 모릅니다. 물론 하이에나 사회에서는 이런 기회를 지원받는 것이 거의 불가능하지요. 하지만 인간 사회에서는 가능합니다. 교육과 같은 계층 상승의 기회를 지원받을 수 있지요.

최근 우리는 수저론에서 이야기하는 계층 대물림의 모습을 흔하게 접하고 있습니다. 명문대 진학률은 부모의 경제적·사회적 계층에 영향을 받는다던가, 사회적 지위의 차이에 따라 문제 해결력이 달라진다는 연구들은 이미 널리 알려졌지요.

대개 개인이 가진 자원의 분배는 혈연에 따라갈 수밖에 없습니다. 하지만 국가나 사회의 제도적 차원에서 접근한다면, 그 불평등을 완벽하게 해소할 수는 없어도 어느 정도까지는 차이를 줄일 수 있을 거예요. 하이에나 사회에서 읽어내야 하는 것은 계층 대물림의 정당화가 아니라, 우리는 하이에나가 아니라 인간이며 계층 대물림의 부당함을 바꿀 수 있다는 자각일 겁니다.

본격 배틀 찬반 토론

이 뉴스 봤어?

하이에나 사회에도 금수저가 있대.
27년이나 연구했다니
과학자들도 참 대단해.

나도 봤어.

뭘 모르는구만~.

근데 그 과학자들도 금수저일걸?

과학자랑 금수저랑 무슨 상관이야.

어릴 때부터
과학 공부를
잘했겠지.

과연 그럴까? 공부도 돈이 있어야 잘할 수 있어.
학원도 가고 과외도 받고. 대학을 가도 그래.

학원+1   과외+1

아르바이트로 학비를 버는
대학생과 그렇지 않은 대학생은
성적 차이가 꽤 난다고 해.

하지만 대학에는 장학제도가 있잖아.

국가와 기업이 공부하고 싶어도 돈이 없는 사람을 지원하고 있다고.

돈만 문제가 아니야. 하이에나가 네트워크를 대물림하는 것처럼 사람들은 문화 자본, 즉 문화적 경험과 취향을 대물림한다고.

딸, 다 네 거야!

서열 2, 3위

서열 1위

딸, 다 네 거야!

하지만 양질의 문화를 다양한 사람들이 누리도록 제도로 뒷받침할 수 있어.

공공 도서관

국립미술관

공공시설을 통해 누구나 다양한 책을 읽고 작품을 감상할 수 있잖아?

그렇게 비슷한 방식으로 사는 사람들끼리 모이고 그 집단별로 계층이 생기는 거야.

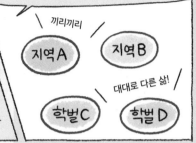

끼리끼리

지역A

지역B

대대로 다른 삶!

학벌C

학벌D

그건 아주 적은 혜택일 뿐이야. 문화 자본은 사람의 말투, 옷차림, 성격과 사고방식까지 영향을 미치는걸.

글쎄, 하지만 계층이 계속 대물림될 수 있을까? 누구나 실패하고 망할 수 있잖아.

부도

차압

파산

부자는 망해도 3년은 간다는 말도 있는걸.

내겐 금수저가 남아있어.

돈이 많으면 실패를 두려워할 필요가 없어서 경쟁에 더 유리하다고.

도전!

실패는 경험이지!

안전한 길로 가야 해.

그렇지만 사회적 안전망이 계층 차이를 줄일 수 있어.

아니야, 너도 도전할 수 있어.

복지 제도를 잘 갖추면 경제적으로 어려운 사람들도 도전할 수 있고, 실패해도 다시 기회를 얻을 수 있을 거야!

재난지원금, 청년 창업 지원 등

그렇게 도와주기만 하면 인간 사회는 발전하기 어려워! 인류가 발전하려면 경쟁이 필요해.

지금도 세계 여러 나라가 인공위성을 쏘아 올리며 우주개발 경쟁을 하면서 과학기술이 발전하고 있잖아.

불평등을 줄이고 협력하는 사회를 만들어온 것도 인류의 전통인걸. 그렇지 않으면 인류는 살아남을 수 없었을 거야.

일단 우리 살아남기 위해 뭘 좀 먹자.

좋은 생각!

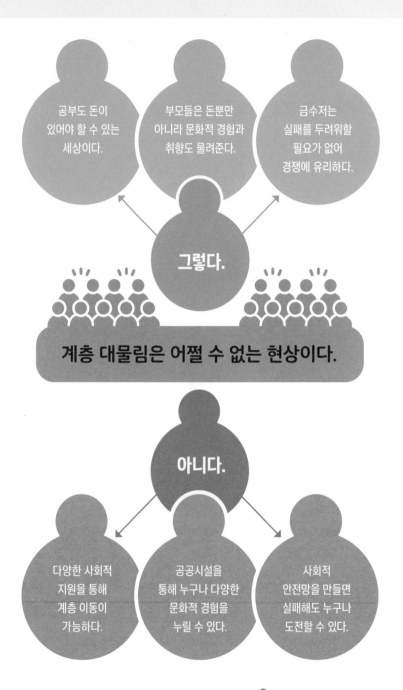

공부도 돈이 있어야 할 수 있는 세상이다.

부모들은 돈뿐만 아니라 문화적 경험과 취향도 물려준다.

금수저는 실패를 두려워할 필요가 없어 경쟁에 유리하다.

그렇다.

계층 대물림은 어쩔 수 없는 현상이다.

아니다.

다양한 사회적 지원을 통해 계층 이동이 가능하다.

공공시설을 통해 누구나 다양한 문화적 경험을 누릴 수 있다.

사회적 안전망을 만들면 실패해도 누구나 도전할 수 있다.

누구 의견이 맞는 것 같아?

모계유전의 비밀, 미토콘드리아 DNA

하이에나, 범고래, 코끼리 등을 제외한 대부분의 포유류는 수컷이 집단의 우두머리가 됩니다. 하지만 다세포동물들은 대개 유전적으로 모계를 통해 이어져 있습니다. 과학자들이 미토콘드리아 DNA를 통해 이를 밝혀냈지요.

미토콘드리아는 세포 안에 있는 작은 소기관입니다. 에너지를 생산하며 생명 유지에 매우 중요한 역할을 하지요. 일반 세포핵의 DNA는 부모에게서 반씩 받지만, 미토콘드리아의 DNA는 거의 대부분 암컷의 난자에서 옵니다. 정자와 난자가 만나 하나의 수정란이 되는 수정 과정에서 대부분의 정자 미토콘드리아는 없어지고, 난자 미토콘드리아만 남게 되거든요.

이렇게 미토콘드리아 DNA는 어머니의 가계로부터 계속 유전되기 때문에 이를 이용해 인류의 기원을 찾으려는 연구가 진행되기도 합니다. 아버지의 유전자와 섞이지 않은 채 물려받은 그대로를 유지하고 있기에, DNA를 분석하면 미토콘드리아 이브라고 불리는 인류 최초의 모계 조상을 찾을 수 있는 것이지요.

2
라운드

남자랑 여자는
원래 다르다?

논제

남녀 성별 차이는
유전의 산물이다.

#남녀 #성별 차이 #유전 #환경

으아, 짜증나.

 왜? 무슨 일 있어?

 우리 반 훈이 알지?
걔가 요즘 좀 이상해.

 훈이랑 너는 엄마끼리 친구여서 어릴 때부터
친했다고 하지 않았어? 뭐가 이상해?

 얼마 전부터 자꾸 남자랑 여자는 원래
다르다면서 남자는 어떻다, 여자는
어떻다 말도 안 되는 소릴 해대잖아.
내가 여자라 영어 점수가 더 좋은 거고,
자기는 남자라 과학을 더 잘한다나?

 뭐, 남자랑 여자랑 다른 건 사실이지.
타고나는 건지는 모르겠다만…….

 어휴, 몰라. 대체 그런 이상한
소리는 어디서 배우는 걸까?

유전과 환경

인간을 만드는 것은
유전일까? 환경일까?

저는 삼 남매를 키우는데요. 그러면서 숱하게 들어온 이야기들이 있습니다. '남자아이라서 겁이 없다, 여자아이라서 얌전하다, 남자애라면 축구를 좋아할 거다, 여자애라면 미술을 좋아할 거다.' 같은 말이지요. 사실 현대사회에서 사람들은 이렇게 성별에 따라 타고나는 차이가 있다는 이야기를 선입견이라며 대부분 부정적으로 평가합니다. 그런데 이런 통념들이 반드시 틀렸다고 이야기할 수만은 없는 것 같습니다. 세 아이 중 남매 쌍둥이인 두 아이는 우리 사회가 이야기하는 전형적인 남자아이와 여자아이의 속성을 강하게 드러냈거든요. 하지만 또 다른 한 아이는 성별에 따른 선입견이 잘 들어맞지 않는 성격입니다. 도대체 남녀의 성향은 유전적으로 타고나는 걸까요, 사회적으로 만들어지는 걸까요?

사실 남녀의 차이를 넘어서 인간의 특성 자체가 유전에 기인한 것인지, 환경에 좌우되는 것인지는 오래전부터 많은 이들이 고민하던 난제였습니다. 특히 19세기 말에서 20세기 초에는 이를 두고 치열한 접전이 벌어졌지요.

한편에는 모든 것이 혈통에 의해 정해져 있으니 우수한 유전인자를 가진 사람만 가치 있다고 주장하는 사람들이 있었습니다. 프랜시스 골턴처럼 우생학을 신봉하는 무리들이지요. "인류는 스스로의 진화에 책임이 있다."고 이야기하며 우수한 혈통을 가진 이들의 출산만 장려해야 한다는 골턴의 주장은 1800년대 말 유럽 사회에 널리 퍼졌습니다. 당시 '사회적 부적격자'로 분류되었던 정신 질환자, 발달장애인, 부랑자, 알코올중독자들에게 강제 불임 시술을 허용하는 법안이 만들어져 수십만 명이 강제로 수술을 당했지요. 나치를 이끌던 독일의 정치가 아돌프 히틀러는 여기서 한 발 더 나아가 사회적 부적격자뿐만 아니라 '나쁜 피'를 지녔다고 여긴 유대인들의 목숨을 앗는 데 거리낌이 없었습니다.

다른 한편에는 어떤 아이든지 조건 학습을 통해 자신이 마

우생학을 창시한 영국의 유전학자 프랜시스 골턴(좌)과 행동주의 심리학을 만들고 주장한 미국의 심리학자 존 B. 왓슨(우).

음먹은 대로 조절하고 키울 수 있다는 말을 호기롭게 내뱉는 사람들이 있었습니다. 존 B. 왓슨 같은 극단적 행동주의자들이지요.

행동주의 심리학을 만든 존 B. 왓슨은 인간이 철저하게 양육과 교육의 결과로 얼마든지 변화할 수 있는 존재라 주장했습니다. 파블로프의 개 실험에 등장하는 조건형성의 과정과 유사한 방법으로 아이들을 제대로 훈육하기만 한다면 그 어떤 아이라도 자신이 원하는 직업을 가진 성인으로 만들 수 있다고 호언장담했지요. 다만 이 과정에서 훈육은 매우 엄격해야 하므로, 아이를 귀여워하고 달래주는 행동은 아이를 울보나 떼쟁이로 만들어 제대로 된 성인으로 자라는 것을 방해한다고 주장했지요. 아이들을 훌륭한 사람으로 키우고 싶다면, 영양가 높은 음식을 잘 먹이고, 깨끗하고 안전한 환경을 조성한 뒤, 독립적인 아이로 자라게끔 혼자 내버려둔 채 안아주지도 달래주지도 말아야 한다고 이야기했습니다.

유전자는 바꿀 수 없지만 환경은 개선할 수 있다

하지만 많은 희생자를 내면서 인류가 겨우 알아낸 사실은 유전이든 환경이든 하나만으로는 결정적 요인이 되지 못한다는 것이었습니다. 같은 부모의 아이들이 서로 다른 부모에게로 입양된 경우, 즉 유전적 특질이 비슷한 경우에는 성인이 된 이후의 삶에 환경이 더 많은 영향을 미치는 것을 볼 수 있었습니다. 반면 서로 혈연관계가 없는 아이들이 같은 집에 입양되어 환경이 비슷한 경우에는 타고난 유전적 특질에 따라 양육과 교육의 기회를 다르게 발전시켜 나가는 것을 볼 수 있었지요.

인간은 유전과 환경이 복합적으로 결합하여 나온 산물입니다. 둘 다 중요한 것이죠. 그렇다면 타고난 유전자는 다시 태어나지 않는 한 바꿀 수 없지만, 환경은 의도에 따라 바꿀 수 있다는 것에 주목해 볼 수 있습니다.

예를 들어 키가 모두 다른 세 명의 아이가 담장 너머로 야구 경기를 보고 싶을 때는 어떻게 해야 할까요? 세 아이 모두 신나는 야구 경기를 보고 싶지만, 가장 키가 큰 아이만 높은 담장 너머에서 이루어지는 경기를 볼 수 있을 것입니다. 이것이 유전적 차이입니다. 불공평하지만 키를 바꿀 수는 없으니까요. 하지만 키가 작은 아이들에게 각자 키에 맞는 발판을 주어 세 아이의 눈높이를 맞추면 모두 공평하게 경기를 관람할 수 있습니다. 여기서 한 발짝 더 나아가 아이들의 앞을 막고 있던 담장을 허물고 그물망으로 바꾸면 어떨까요? 그럼 아이들은 저마다 타고난 키 따위는 생각할 필요 없이 다양하게 있는 그대로 야구 경기를 관람할 수 있을 것입니다.

우리는 모두 다르게 태어나고, 타고난 유전적 차이 자체를 없앨 수는 없습니다. 대신 그 차이가 불공평하고 불공정한 결과로 이어지지 않도록 환경, 즉 사회시스템을 바꿀 수 있지요. 그렇기에 인간에게 본성과 환경이 모두 영향을 미친다는 사실을 재확인한 것에서 우리는 한 발짝 더 나아갈 수 있습니다.

인류가 유전적 차이로 인해 그저 견뎌야만 했던 수많은 불편과 갈등을 과학과 기술의 발전, 제도와 인식의 재정비로 해소할 수 있다는 희망을 찾을 수 있는 것입니다.

남녀의 차이를
드러내는 것은?

갓난아이가 성인으로 자라나는 과정에서 형성되는 외적이고 내적인 특성은 아이의 타고난 유전적 특질, 가정과 사회가 제공하는 환경의 복합적 결과물입니다. 하지만 남녀의 생물학적 차이에 관해서는 유독 이런 균형 잡힌 시각이 제대로 자리잡지 못하고 있습니다.

진화심리학에서는 남성은 공격적이고 경쟁적이며 호전적이고 진취적인 '사냥꾼' 기질을 가지고 태어나지만, 여성은 수용적이고 관계중심적이며 평화적이고 협력적인 '채집자' 기질을 물려받았다고 설명합니다. 연애 조언을 담은 책에서는 남성의 뇌와 여성의 뇌는 서로 다르니 애당초 상대가 나를 이해하리라는 기대를 접어야 싸움이 덜 난다고 충고합니다. 이렇게 남녀를 숫제 서로 다른 행성에서 온 외계인처럼 다르게 보는 관점은 사람들에게 매우 익숙하지요.

1989년, 러셀 클라크와 일레인 햇필드라는 두 심리학자가 남녀의 성적 행동 차이에 관한 실험을 한 적이 있습니다. 매력적인 남녀 보조 연구자들을 시켜 대학 캠퍼스 안에서 무작위로 선택한 이성에게 접근하여 호감을 산 뒤, 첫 번째로는 "나랑 데이트할래?"라고 묻고 두 번째로는 "우리 집에 갈래?"라고 묻게 한 것이지요. 그 결과, 데이트 신청의 경우 남녀 차이 없이 절반 정도가 긍정적인 답변을 했으나, 집으로 초대하는 것에 대해서는 남녀의 답변이 엄청난 차이를 보였습니다. 두 번째 질문에 남성은 상당수가 긍정적으로 답했지만, 여성은 매우 부정적으로 답했지요. 이 연구 결과는 30년이 넘도록 여러 나라에서 비슷하게 변주되면서 남성의 적극적인 성적 행동이 유전의 영향이라는 근거로 사용되었습니다.

그런데 『테스토스테론 렉스: 남성성 신화의 종말』을 쓴 심리학자 코델리아 파인은 이 연구 결과를 전혀 다르게 해석합니다. 그는 여기서 주목해야 할 것은 두 번째 질문이 아니라 첫 번째 질문이라고 말합니다. 처음 보는 이성이 데이트를 신청했을 때 같은 제안을 받은 남성들과 거의 비슷한 비율로 여성들도 동의했다는 것이지요. 다시 말해 여성도 이성과의 만남과 관계에 남성만큼 적극적이라고 볼 수 있습니다.

하지만 여성의 경우, 조금이라도 성적으로 도발적인 제안을 받아들였을 때 주변 사람들의 비난이나 부정적 평판, 사회적 낙인을 떠안을 위험성이 크므로 두 번째 질문에는 '예스'라고 대답하기 어려울 수 있다는 것이죠. 남성의 경우에는 사회적 압력이 반대로 작용하기에, 매력적인 이성의 제안을 거절했을 때 주변 사람들이 소심하다며 비웃거나 놀릴 가능성이 더 높아 일단 '예스'라고 대답했을 가능성이 있고요. 이렇게 보면 남녀의 차이를 극명하게 드러낸 것은 타고난 유전적 특성보다는 사회적 잣대의 차이라고 말할 수 있겠지요.

차이가 갈등으로
확대되지 않도록

남녀의 차이는 분명히 존재합니다. 애초에 염색체가 다르고 몸이 다르지요. 하지만 클라크와 햇필드의 실험처럼, 어쩌면 우리가 본능적이라고 치부했던 많은 것들이 어쩌면 사회적 영향을 받았을 수도 있다는 가능성을 더 꼼꼼히 따져봐야 합니다.

서양에서는 남성들이 길거리를 지나가는 여성을 향해 휘파람 소리를 내거나 성희롱적인 발언을 하는 캣콜링catcalling이라는 악습이 있었습니다. 지금은 여러 나라에서 캣콜링을 범죄로 규정해 강력하게 처벌하고 있지만, 한때는 이를 가볍게 웃어넘기는 분위기였지요. 남성들은 성적으로 적극적이기에 매력적인 여성을 보면 관심을 표현하는 것이라며 당연하게 받아들여졌던 것입니다.

2014년에 한 시민단체에서 실험한 결과, 미국 뉴욕의 맨해튼 거리를 홀로 돌아다니는 젊은 여성은 10시간 동안 무려 100여 차례 캣콜링을 당했다고 합니다. 하지만 같은 해 비슷한 실험을 우리나라의 이태원과 가로수길에서 했는데, 10시간 동안 길거리에서 매력적인 여성에게 말을 걸어온 남성은 단 두 사람뿐이었습니다. 게다가 모두 한국 국적이 아니었고요.

우리나라에서는 남성과 여성의 본능이 다른 것일까요? 본능이 다른 게 아니라 사회와 문화가 다른 것이겠지요. 우리 사회에서는 거리에서 지나가는 이성에게 대놓고 외모를 칭찬하거나 휘파람을 부는 것이 낯설고 이상한 일이니까요.

자, 다시 논의의 시작점으로 돌아가 보겠습니다. 생물인 우리는 생물학적 특성에 영향을 받습니다. 하지만 생물학적이고 유전적인 차이에만 집중하면 '원래 그러니까 어쩔 수 없잖아?'라며 불편한 현실을 그대로 받아들이기 쉽습니다. 차이가 갈등으로 확대되느냐, 그저 다양하고 조화롭게 존재하느냐는 우리 손에 달려있습니다. 인간은 스스로 더 나은 방향으로 나아갈 수 있도록 환경과 사회를 바꿀 수 있는 능력이 있는 존재가 아닐까요?

본격 배틀 찬반 토론

야~, 남자들은 좋겠다.

와아아아

음?

이렇게 농구 잘해서. 난 엄두도 안 나는데.

그건 네가 운동을 안 해서 그런 게 아닐까? 여자 농구 선수도 있잖아.

냠

냠

내가 노력해도 남자처럼 키가 크고 근육이 생길 수는 없다고.

야호! 덩크슛!

아얏

남자랑 여자는 타고난 유전자와 신체 조건이 다른걸.

NBA에서는 남자들이 한 경기에서 여러 차례 덩크슛을 하지만 WNBA에서는 일 년에 한 번 나오는 정도야.

WNBA
전미여자농구협회

남자라고 다 농구를 좋아하고 잘하는 건 아니잖아.

난 농구 못해.

스포츠를 잘하고 좋아하는 건 성별이 아니라 세대와 문화에 따라 달라진다고.

지금은 남녀 구분 없이
자기가 좋아하는 스포츠를
즐기는 시대야.

음, 시대와 문화에 따라
달라지는 부분이 있다고 해도
기본적으로 남녀 차이는 유전에
의해 타고나는 거라고 생각해.

인간과 가까운 영장류인 침팬지에게 장난감을 주면
수컷은 자동차, 암컷은 인형을 좋아한다는 연구도 있던걸.

그렇다 해도 아들에게는 자동차를,
딸에게는 인형을 선물하는 부모가
차이를 더 키우는 게 아닐까?

흐음...

조선 시대에는 분홍색이 신하의
기품을 나타내는 색이었다잖아.
또, 서양에서는 차분한 색이라며
주로 여자아이에게 파란색을 입혔대.

에헴!

지금은 정반대가 됐잖아.

성별 차이가 강화되는 것은 교육과 미디어의 영향이라고 생각해.

COOL~

LOVELY~

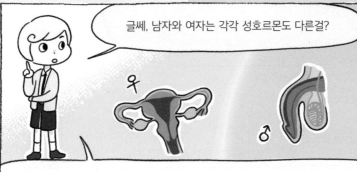

글쎄, 남자와 여자는 각각 성호르몬도 다른걸?

남성호르몬인 테스토스테론과 여성호르몬인 에스트로겐이 남성과 여성의 생물학적인 차이를 만들어내고 평생에 걸쳐 우리 몸을 지배하잖아.

나이가 들어 갱년기가 되면 성호르몬이 줄어들면서 외모도 비슷해진다고 해.

비~슷

성별 차이는 이렇게 타고나는 부분의 영향이 클 수밖에 없다고.

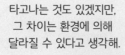
타고나는 것도 있겠지만,
그 차이는 환경에 의해
달라질 수 있다고 생각해.

예전에는 남녀의 뇌가 달라 남자는
수학과 과학 분야, 여자는 언어 분야가
발달했다고 생각했지.

하지만 실제 성별로는 점수 차이가 거의 없고,
사교육의 영향이 큰 것으로 분석되고 있어.

비슷!

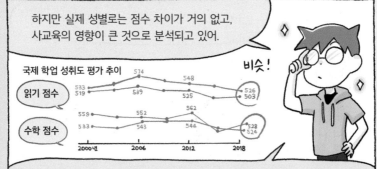

국제 학업 성취도 평가 추이

읽기 점수
533
519
574
539
548
525
526
503

수학 점수
559
533
552
543
562
544
528
514

2000년   2006   2012   2018

게다가 남녀가 평등한 나라일수록 수학 점수 차이가 적다잖아?
여자는 수학이 약하다는 생각이 학습의 걸림돌이 되었던 거지.

음…… 근데 우리 수학 성적은
왜 둘 다 이런 걸까?

으악, 시험지를 왜 꺼내?

거봐~. 남녀 차이는
없다니까!

획

헐….

꾸깃

시험지

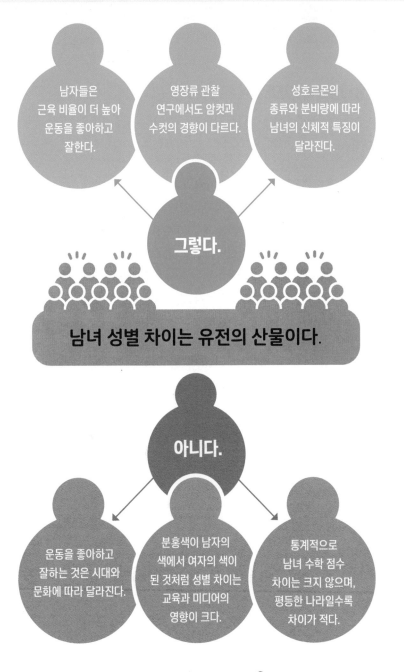

남자들은
근육 비율이 더 높아
운동을 좋아하고
잘한다.

영장류 관찰
연구에서도 암컷과
수컷의 경향이 다르다.

성호르몬의
종류와 분비량에 따라
남녀의 신체적 특징이
달라진다.

그렇다.

남녀 성별 차이는 유전의 산물이다.

아니다.

운동을 좋아하고
잘하는 것은 시대와
문화에 따라 달라진다.

분홍색이 남자의
색에서 여자의 색이
된 것처럼 성별 차이는
교육과 미디어의
영향이 크다.

통계적으로
남녀 수학 점수
차이는 크지 않으며,
평등한 나라일수록
차이가 적다.

그렇다, 아니다, 넌 어느 쪽?

남자의 뇌, 여자의 뇌

과학자들은 오래전부터 남녀의 생물학적 차이에 대해 연구해 왔습니다. 19세기에 골상학(머리뼈의 모양을 보고 사람의 성격이나 운명을 판단하는 학문)이 유행하던 시절부터 남성의 두개골과 뇌가 여성보다 크고, 이로 인해 창의성과 지능이 필요한 일은 남성에게 어울린다는 주장이 공공연하게 나왔지요. 1990년 초에 기능적 자기공명영상(fMRI)이 도입된 이래 남녀 성별 차이를 해부학적으로 밝힌 연구도 많았고요.

하지만 2021년에 미국의 뇌과학자 리즈 엘리엇 박사의 연구팀은 30년에 걸쳐 뇌의 성차를 다룬 수백 개의 뇌 영상 연구를 분석한 결과 남녀의 뇌에 뚜렷한 차이점이 없다는 것을 밝혔습니다. 유일한 차이는 여성의 뇌가 남성보다 약 11퍼센트 정도 작다는 것인데, 이는 실제 여성의 체구가 남성보다 작기 때문이고 심지어 아이큐 검사 결과에서도 성별에 따른 차이를 찾아볼 수 없다고 합니다. 남녀의 차이보다는 개개인의 차이가 더 큼에도 불구하고 성별 차이를 강조하는 연구가 사람들로부터 주목받아 더 큰 영향력을 가졌던 것이지요.

3
라운드

쓰레기 분리배출은
소용없다?

논제

플라스틱 재활용을 위한
분리배출은 불필요하다.

#플라스틱　#재활용　#환경오염　#분리배출

아~, 배불러.

 후딱 정리하자. 선생님 오시면 먹기만 하고
치우지도 않는다고 또 잔소리하실 거야.

 그래도 배달시켜 먹으니 편하고 좋다.
그냥 다 버리면 되잖아. 흐흐.

 무슨 소리야? 기름이랑 반찬 묻은 거
씻고 말려서 분리배출해야지.

 그래 봤자 재활용 거의 안 된다던데? 대충
버리면 되지 그걸 또 뭘 귀찮게 씻고 그래?

 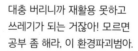 대충 버리니까 재활용 못하고
쓰레기가 되는 거잖아! 모르면
공부 좀 해라, 이 환경파괴범아.

 야, 말이 좀 심하다? 환경 생각하는 애가
왜 먹지도 못할 음식을 이렇게 많이 시켜서
다 버리니? 음식물 쓰레기는 쓰레기 아니냐?

플라스틱과 재활용

플라스틱 쓰레기, 대체 얼마나 늘어난 거지?

방학이 시작되자 제게는 또 다른 숙제가 추가되었습니다. 아이들의 점심을 챙기는 일이죠. 출근하기 전에 주먹밥이나 볶음밥 등 간단히 먹을 것을 준비해 두지만, 매번 챙기기는 어렵습니다. 그럴 때 쓰라고 있는 것이 바로 배달앱이죠. 그런데 음식을 주문할 때마다 약간의 죄책감이 듭니다. 돈도 돈이지만, 산처럼 쌓이는 플라스틱 때문입니다.

얼마 전 점심으로 김치볶음밥과 돈가스를 시켰더니, 볶음밥 용기, 돈가스 용기, 국이랑 반찬 용기까지 나왔습니다. 크고 작은 플라스틱 그릇 여섯 개와 뚜껑 여섯 개, 무려 12종의 플라스틱 용기가 나오더군요. 플라스틱 포장 용기들은 모두 일회용이라 대부분 그대로 쓰레기로 버려지게 됩니다. 일회용품의 사용은 최소로 줄이고, 재활용할 수 있는 것들은 종류별로 분리해 세척하고, 라벨을 제거하는 등 나름의 노력은 하지만 환경에 부담을 주는 것 같아 불편한 마음은 어쩔 수 없습니다.

플라스틱 쓰레기의 증가는 전 지구적인 문제입니다. 2022년에 열린 제5차 유엔환경총회UNEA: UN Environment Assembly의 의제는 '플라스틱 쓰레기'였습니다. 무려 175개국이 참여한 회의에서 2024년 말까지 플라스틱 생산과 폐기에 대해 법적

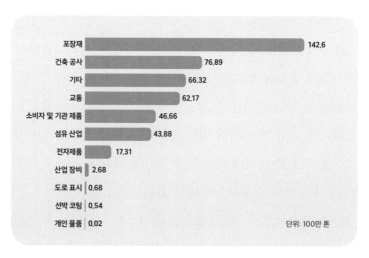

2019년 전 세계 산업별 연간 플라스틱 폐기물 발생량. 포장재로 인한 플라스틱 쓰레기가 1억 4260만 톤으로 가장 많은 비율을 차지하고 있다.

구속력이 있는 최초의 국제 협약을 제정하기로 뜻이 모아졌지요. 다시 말해 플라스틱 쓰레기 문제가 너무 심각하니, 앞으로는 플라스틱을 많이 만들고 버리는 국가에 명백한 불이익을 주는 법을 만들겠다는 것입니다.

경제협력개발기구OECD의 '글로벌 플라스틱 전망 보고서'에 따르면 2000년 기준, 전 세계 플라스틱 쓰레기는 1억 5600만 톤이었으나, 2019년에는 3억 5300만 톤으로 약 20년 만에 2배 이상 증가했습니다. 우리나라의 상황도 다르지 않습니다.

환경부와 한국환경공단이 해마다 발표하는 「전국 폐기물 발생 및 처리 현황」 자료에 따르면, 2000년에는 한 해 동안 버려지는 플라스틱이 127만 톤이었으나, 2021년에는 무려 468만 톤으로 21년 만에 무려 4배나 늘어났습니다. 갓난아기를 포함하여 모든 국민이 1년에 92킬로그램, 즉 매일매일 20그램짜리 생수병 13개씩 플라스틱 쓰레기를 배출하는 셈입니다.

플라스틱 쓰레기가
문제인 이유

우리가 매일 버리는 폐기물에는 플라스틱 외에도 종이, 유리,

금속 등 기타 다른 물질들도 많습니다. 하지만 플라스틱의 가장 큰 장점 중 하나인 난분해성, 즉 자연 상태에서 썩거나 녹슬지 않는 성질이 플라스틱 쓰레기를 골칫거리로 만듭니다. 종이나 음식물 같은 유기물은 시일이 좀 걸리겠지만, 결국에는 언젠가 썩어서 자연의 커다란 순환 고리에 들어갑니다. 그러나 플라스틱은 생물학적 분해가 거의 일어나지 않기 때문에 버려지는 그대로 수백 년 동안 남아있을 가능성이 큽니다. 지구가 플라스틱으로 뒤덮이지 않게 하려면 어떻게 해야 할까요?

가장 먼저 떠오르는 방법은 재활용입니다. 주변에 있는 플라스틱 제품을 보면 삼각형 모양의 재활용 표기가 되어있는 것이 많고, 폐기물 분류에서도 소각용 쓰레기통이 아닌 재활용품 수거함에 따로 버리게 되어있습니다. 재활용 비율을 높일수록 쓰레기를 줄이고 석유 등 플라스틱을 만드는 원료도 아낄 수 있기에 모두 열심히 분리배출하고 있지요. 그런데 모든 플라스틱이 재활용되는 것은 아니라는 사실을 혹시 알고 있나요?

지구상에 존재하는 플라스틱은 수백 가지가 넘지만, 크게 분류해 열을 가하면 녹아서 다시 원료 상태로 돌아가는 열가소성 플라스틱과 열을 가하면 녹는 대신 까맣게 타버리는 열경화성 플라스틱으로 나눌 수 있습니다.

플라스틱 분리배출 표시. 재활용 활성화를 위해 표시를 간소화하고 색이 있는 페트병과 투명 페트병을 구분해 배출하도록 관련 제도를 개선해 나가고 있다.

열가소성 플라스틱은 열을 가하면 녹아서 액체 상태가 되기 때문에, 이를 다시 굳혀서 다른 플라스틱 제품을 만드는 데 재활용할 수 있지만, 열경화성 플라스틱은 일단 한번 굳은 이후에는 다시 가열해도 액체 상태로 돌아가지 않기 때문에 사실상 재활용하는 것이 불가능합니다.

어떤 플라스틱이 열경화성인지 열가소성인지 구분하는 건 약간의 주의력만 있으면 됩니다. 열가소성 플라스틱으로 재활용이 가능하다면, 어딘가에 삼각형 재활용 마크가 붙어있을 테니까요. 그런데 분리배출된 열가소성 플라스틱이라고 하더라도 모두 재활용되는 것은 아닙니다. 한국환경공단이 발표한 바에 따르면, 재활용이 가능한 플라스틱 중에서도 실제 재활용되는 비율은 40%에 불과하다고 합니다.

일반 쓰레기로 한꺼번에 버려지는 경우도 많지만, 분리해서 버리더라도 선별 과정이나 가공 과정에서 여러 가지 이유로 재활용되지 못하고 소각되는 경우가 많습니다. 여러 종류의 플라스틱이 섞여있는 경우, 각각의 플라스틱이 녹는점이 달라서 이를 균일하게 녹일 수가 없기에 재활용에 적합하지 않기 때문입니다.

같은 이유로 페트병에 라벨이나 뚜껑이 붙어있으면 페트병과 성분이 달라 재활용이 어렵습니다. 또한 플라스틱에 색을 내는 안료가 들어있거나, 스티커나 음식물 찌꺼기 등 이물질이 남아있어도 문제가 됩니다. 이런 이물질들은 제거하기 어렵고, 설사 제거할 수 있다고 하더라도 그 제거 비용이 재활용으로 인한 이득보다 더 크기 때문에 선별 과정에서 탈락되는 것이지요. 그래서 제대로 재활용되는 플라스틱은 흔히 페트 PET라고 부르는 폴리에틸렌테레프탈레이트로 만들어진 투명한 음료수병, 폴리에틸렌PE으로 만든 투명한 식품 포장재나 비닐 정도입니다.

플라스틱을 재활용하는
여러 가지 방법

플라스틱 쓰레기를 줄일 수 있는 가장 좋은 방법은 플라스틱을 쓰지 않는 것입니다. 하지만 현대인에게 그건 불가능에 가깝습니다. 그러니 최대한 적게 쓰고 잘 버려서 재활용할 수 있도록 해야겠지요. 기술적으로 보자면 플라스틱 재활용은 크게 물질 원료 재활용, 열적 재활용, 화학적 재활용으로 나눌 수 있습니다.

이중 물질 원료 재활용이 우리가 알고 있는 플라스틱 재활용 방법입니다. 플라스틱을 종류별로 모아서 깨끗이 씻고 잘게 파쇄하여 만든 작은 조각들을 고온에서 녹여서 일정한 크기의 알갱이 형태인 펠렛pellet으로 만들어 이를 다시 원료로 사용하는 방법이지요.

플라스틱이란 인공적으로 합성된 고분자물질을 통칭하는 말입니다. 예를 들어 폴리에틸렌은 에틸렌이라는 단일 분자가 수만 개씩 매우 길게 클립처럼 연결된 것이지요. 물질 원료 재활용은 플라스틱이라는 클립 뭉치에 열을 가해 한꺼번에 녹인 후 이걸 다시 클립 형태로 만들어 연결하는 방법이라 열경화성 소재이거나, 색이나 소재가 다른 클립들이 섞여있는 경우,

균질하게 녹일 수 없고 다시 균일한 클립을 만들 수 없어 재활용이 어려운 것입니다.

열적 재활용은 이렇게 여러 가지 이유로 재활용할 수 없는 플라스틱을 일종의 연료로 활용하는 방법입니다. 애초에 플라스틱은 석유로 만들어졌기에, 그 자체로도 좋은 '땔감'이 될 수 있습니다. 폐플라스틱을 가공해 폐기물고형연료RPF: Refuse Plastic Fuel를 만들어 이를 석탄이나 석유 대신 사용하는 것이죠.

화학적 재활용은 열분해나 화학반응 등을 통해 플라스틱을

재활용으로 해결할 수 있을까?

구성하는 화학적 원자들의 구성을 바꾸고 다른 물질로 만들어 사용하는 것입니다. 다시 말해 플라스틱을 만들 때 분자들을 중합해서 만드는 과정을 그대로 거꾸로 하는 해중합 반응을 통해 다시 분자 상태로 되돌리는 것이죠.

과학자들은 화학적 재활용 기술로 플라스틱 열분해유, 즉 플라스틱 오일을 만드는 데 성공했습니다. 1000킬로그램의 플라스틱 폐기물을 활용해 약 850리터의 플라스틱 오일을 만들 수 있다니, 그야말로 석유에서 만든 플라스틱으로 다시 석유를 만들어내는 셈입니다. 이렇게 만들어진 플라스틱 오일은 연료로 사용될 수 있을 뿐 아니라, 다른 물질의 재료로도 사용될 수 있고요.

가장 큰 문제는 화학적 재활용 과정에서도 이산화탄소가 배출된다는 것입니다. 독일의 화학 기업 BASF의 연구에 따르면 폐플라스틱 1000킬로그램을 열분해할 때 발생하는 이산화탄소의 양은 3348킬로그램으로, 소각했을 때 발생하는 이산화탄소의 양인 1919킬로그램보다 훨씬 더 많습니다. 하지만 플라스틱을 그냥 태우면 그만큼의 석유를 사용해 플라스틱을 다시 만들어야 하는 데 반해, 플라스틱 오일을 만들면 그만큼 석유를 아끼는 셈이라 최종적으로 환경에 미치는 효과는 감소할 수 있겠지요. 연구진들은 플라스틱 오일 생성 공정의 효율을 높이면 이산화탄소 배출로 환경에 미치는 효과를 줄일 수 있을 것으로 보고 관련 연구에 박차를 가하고 있습니다.

우리가 지금 당장
해야 할 일

그럼에도 불구하고 플라스틱의 편리함을 포기할 수 없었던 사람들은 새로운 플라스틱을 개발합니다. 지구상의 모든 다른 물질들처럼 자연의 순환 고리 속으로 들어갈 수 있는 플라스틱을 만들어낸 것이지요. 기존에 존재하는 미생물들이 분해할 수 있는 원료로 만드는 생분해성 플라스틱, 석유 대신 콩이나 사탕수수, 옥수수 등의 식물을 원료로 이용한 바이오매스 플라스틱 등이 여기에 속합니다. 하지만 이들은 특정 온도와 습도의 환경에서만 분해되고, 기존 플라스틱에 비해 내구성이 약하거나 가격이 비싸다는 단점이 있습니다.

사람들이 이렇게 플라스틱 쓰레기에 대해 고민하는 사이, 자연도 나름대로 방법을 찾아냅니다. 바로 자연의 분해자들이 나선 것이죠. 생태계를 구성하는 생물적 요소는 생산자와 소비자 그리고 분해자입니다. 이중 분해자는 생산자와 소비자의 사체와 배설물들을 먹고 잘게 분해해 이들을 구성하던 원소들을 다시 환경으로 돌리는 역할을 합니다. 그런데 지구에 플라스틱층이 점점 두꺼워지자 분해자 중 일부가 각성하여 플라스틱을 소화시켜 다시 지구를 구성하는 원소로 돌려주고 있습니다. '착한 분해자'들이 등장한 것이지요.

  현재까지 발견된 것들은 산맴돌이거저리 유충, 갈색거저리 유충, 화랑곡나방 유충, 꿀벌부채명나방 유충, 아메리카왕거저리 유충 등 벌레와 이데오넬라 사카이엔시스, 슈도모나스 등 박테리아입니다. 스페인의 연구진들은 꿀벌부채명나방 유충의 침샘에서 폴리에틸렌 분해 효소를 발견했으며, 슈도모나

꿀벌부채명나방의 유충. 국내외 연구를 통해 폴리에틸렌을 분해할 수 있다는 것이 밝혀졌다.

스속에 속하는 여러 종류의 미생물들은 폴리에틸렌뿐 아니라 폴리프로필렌PP, 폴리스티렌PS, 폴리비닐알콜PVA, 폴리우레탄PU 등도 분해가 가능하다는 사실이 알려졌습니다. 과학자들은 이 박테리아의 유전자를 연구해 다양한 플라스틱의 분해가 가능한 박테리아를 인공적으로 만드는 연구도 하고 있습니다.

인류는 참 이상합니다. 자기 자신과 주변 환경을 파괴할 만큼 어리석은 짓도 많이 저지르지만, 그런 속에서도 자신들이 만들어낸 문제들을 해결하기 위해 노력하고 미래를 고민하기도 하니까요. 플라스틱 문제 역시 많은 이들이 해결을 위해 노력하고 있습니다. 늘 그렇듯 문제를 해결하기 위해서는 시간이 필요합니다. 그러니 우리가 지금 당장 할 수 있는 건, 근본적인 문제 해결에 필요한 답을 찾을 때까지 가능한 시간을 벌어주는 것입니다. 플라스틱을 좀 덜 쓰고, 더 여러 번 쓰고, 가급적 다른 제품으로 바꿔 쓰고, 용도를 변경해 다양하게 쓰거나 재활용이 잘 될 수 있도록 철저히 분리하고 세척해 버리는 것만으로도 우리는 그 시간을 벌 수 있습니다. 그게 바로 우리가 지금 당장 해야 할 일이며, 가장 필요한 일이기도 합니다.

본격 배틀 찬반 토론

올바른 분리배출!

페트

너도 당번이구나?

응, 분리배출 너무 귀찮아.

세계 플라스틱 재활용률이 10%도 안 된다는데 이게 무슨 소용일까?

플라스틱은 잘 썩지 않으니 이렇게라도 해야지.

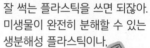

잘 썩는 플라스틱을 쓰면 되잖아. 미생물이 완전히 분해할 수 있는 생분해성 플라스틱이나,

100% BIO PLA STIC

화석연료 대신 옥수수나 사탕수수로 만든 바이오매스 플라스틱 같은 거 말이야.

세계적인 기업들도 바이오매스 플라스틱을 쓴다던걸?

하지만 그런 기업들이 플라스틱 쓰레기를 가장 많이 배출하고 있대.

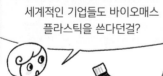

사탕수수 추출 원료 30%

Coka

하하

두 둥!

Coka

5년 연속 플라스틱 쓰레기 가장 많이 배출한 기업 1위

맞아. 사실 우리가 라벨을 벗기고 잘 씻어서 분리배출하는 정도로는 부족해.

생산 단계부터 플라스틱을 단순화하고 최대한 재활용하기 쉽게 만들어야지.

라벨 없는 무색 페트병

불가능을 말하기 전에 생산, 유통, 소비, 재활용 등 전 과정을 재활용하기 편한 플라스틱 순환 체계로 만들기 위한 노력이 필요해.

생산과 포장은 최소화

자원 회수와 재활용은 최대화

과학자들이 플라스틱을 분해하는 벌레나 미생물을 발견해 그 원리를 연구하고 있잖아.

찌익

사각

사각

그럼 돈과 에너지를 기술 개발에 투자하는 게 낫지 않을까?

에너지가 많이 들고 결국엔 화학물질을 쓰게 되는 재활용보다는 이렇게 자연에서 생물을 통해 플라스틱을 분해하는 것이 더 낫다고 생각해.

스티로폼 먹는 애벌레

10시간에 페트병을 90퍼센트 분해하는 미생물

벌레들이 플라스틱을 그저 잘게 부수기만 한다는 연구도 있던걸.

플라스틱이 그대로 나오는 배설물

게다가 기술 개발에는 시간이 걸려. 그 기술이 널리 쓰이려면 더 기다려야 하고.

그 시간을 벌기 위해서라도 분리배출은 필요하지 않을까?

얘 좀봐 ㅋㅋ

뭘?

으악!!!

삐

난 벌레 싫어어어!

야, 같이 가~.

으애앵!!!!

ㅋㅋㅋ

플라스틱을 먹는 착한 분해자일지도 몰라!

확실한 분리배출이 근본적으로 어려우니 생분해성 플라스틱을 쓰는 것이 낫다.

재활용을 위한 선별과 시설에 비용과 에너지가 더 많이 든다.

플라스틱 처리 관련 기술 연구가 성공적으로 이루어지고 있다.

그렇다.

플라스틱 재활용을 위한 분리배출은 불필요하다.

아니다.

생분해성 플라스틱의 처리를 위해서도 분리배출이 필요하다.

재활용이 쉽게 되도록 플라스틱 순환 체계를 구축하면 된다.

과학기술 개발을 위한 시간을 벌기 위해서라도 분리배출은 필요하다.

너라면 어떻게 할래?

바이오매스 플라스틱과 생분해성 플라스틱

생분해성 플라스틱과 바이오매스 플라스틱은 얼핏 같아 보이지만 다릅니다. 바이오매스 플라스틱은 옥수수, 사탕수수, 콩 등 생물학적 원료로 만드는데, 석유로 만드는 플라스틱에 비해 환경호르몬으로부터 비교적 안전하고 온실가스 배출량이 적어 탄소 저감 효과가 큽니다. 포장 분야에 많이 사용되고 있으며, 음료수병, 인테리어 등에도 사용됩니다. 하지만 기존 플라스틱처럼 잘 썩지 않는 경우가 많고 인간과 가축의 식량을 원료로 하기 때문에 경작지를 만드는 과정에서 환경을 파괴하지요.

생분해성 플라스틱은 만드는 재료에 상관없이 박테리아 등 미생물이 분해할 수 있는 플라스틱을 말합니다. 생분해성 플라스틱의 종류는 20가지가 넘지만, 현재 가장 많이 쓰이는 종류는 자연 상태에서는 썩지 않고 특정 온도와 습도 등 조건을 갖춰야 분해된다는 단점이 있습니다. 그렇게 조건을 갖추어도 90퍼센트 이상 분해되는 데 6개월이 넘게 걸리지요. 다른 생분해성 플라스틱의 경우 내구성이 약하거나 가격이 높아서 쓰기 어려운 상황입니다. 과학자들은 이런 단점들을 극복하기 위해 기술 개발에 힘쓰고 있지요.

4 라운드

바이러스는
사라지지 않는다?

논제

인류를 위협하는 바이러스의
정복은 불가능하다.

#바이러스 #백신 #감염 #돌연변이

아, 학교 가기 싫다.

 왜 그 소리 안 하나 했다. 근데 너 코로나 난리일 땐 학교 가고 싶다고 했잖아.

 그땐 집에만 있는 게 너무 숨 막혀서 그랬지 뭐.

 밖으로 나올 수 있게 돼서 얼마나 다행이야.

 맞아. 이제 마스크도 안 써도 되잖아.

 그래도 코로나 환자는 계속 나오던걸. 독감도 유행이고……. 마스크는 쓰는 게 좋지 않을까?

 하긴 계속 환자가 나온다고 하더라.

 조심해서 나쁠 거 없지.

 휴, 바이러스 정말 징글징글하다.

바이러스

바이러스,
대체 넌 누구냐?

코로나19 바이러스가 세상을 강타한 지도 몇 년이 훌쩍 넘었지만, 그 위세는 생각보다 끈질깁니다. 세계보건기구WHO가 2023년 5월 코로나19에 대한 최고 수준의 보건 경계 태세를 해제한 이후, 국내에서도 사실상 엔데믹을 선언했지만 여전히 세계 곳곳에서 코로나19의 변이가 나타났다는 소식이 들려오고 있습니다. 도대체 바이러스의 정체가 뭐길래, 이토록 질기게 이어지는 걸까요?

바이러스의 존재가 알려진 건 19세기 말이었습니다. 당시 유럽 지역의 농민들을 시름에 잠기게 했던 모자이크병, 즉 식

네덜란드의 식물학자 마르티뉘스 베이에링크. 모자이크병을 연구하며 바이러스라는 명칭을 만들었다.

물의 잎과 가지에 누런 반점이 퍼지면서 말라죽는 질병의 원인을 연구하던 과학자들은 이상한 현상을 발견했습니다. 당시는 이미 박테리아 즉 세균이 질병의 원인이 될 수 있으며, 이런 세균성 질병은 감염된 개체에서 다른 개체로 퍼져나간다는 사실도 알려진 상태였지요. 하지만 모자이크병에 걸린 식물의 즙을 아주 촘촘한 필터로 여러 번 걸러내 모든 세균을 제거한 뒤에도 여전히 즙을 통해 모자이크병이 옮겨졌습니다. 그래서 과학자들은 모자이크병의 원인은 세균이 아니라 즙 속에 포함된 일종의 독성 물질이라고 판단합니다. 그리고 아직 정체가 확실치 않은 이 미지의 물질에 바이러스virus라는 이름을 붙였습니다. 라틴어로 '즙, 액, 독, 악취'라는 뜻을 지닌 단어로, 뭔가 알 수 없지만 기분 나쁜 이 존재를 부르기에 매우 적절한 이름이었지요.

처음에는 그저 몇몇 질병을 일으키는 이상한 물질 정도로 생각되었던 바이러스는, 이후 연구를 통해 세상 모든 곳에 존재한다는 것이 드러났습니다. 세상에 존재하는 바이러스는 얼마나 많을까요? 과학자들에 의하면 지구상에 존재하는 바이러스의 수는 약 10^{30}으로 추정됩니다. 너무 큰 수라서 감이 오지 않지요? 전 세계 인구는 약 80억 명입니다. 이들에게 10^{30}그램의 금을 나눠준다면, 1인당 무려 125조 톤의 금덩이가 돌아갈 정도로 어마어마한 숫자입니다.

생물과 무생물의 경계에 있는 존재, 바이러스

세상에는 이토록 바이러스가 많지만, 사람들이 바이러스에 대해 제대로 알고 있는 것은 적은 편입니다. 많은 사람들이 바이러스를 '병을 옮기는 아주 작은 세균'이라고 생각하지요. 대부분의 바이러스는 크기가 수십 나노미터nm: 1미터의 10억분의 1에 불과해 1마이크로미터㎛: 1미터의 100만분의 1 정도인 세균보다 훨씬 작고, 세균도 아닙니다. 그리고 반드시 병을 옮기는 것도 아니지요.

교과서에서 말하는 생물의 조건은 다음과 같습니다. 첫째, 세포막으로 둘러싸인 개체, 즉 세포로 이루어져 있다. 둘째, 고유의 유전정보가 담긴 유전물질을 지닌다. 셋째, 스스로 복제할 수 있으며 번식과 변이를 통한 진화가 가능하다. 넷째, 생명 유지에 필요한 대사 활동을 수행한다. 세균은 이 조건을 모두 충족하지만, 바이러스는 여러 가지가 부족합니다.

바이러스는 DNA나 RNA 같은 유전물질은 가지고 있지만, 세포막이 없습니다. 또 복제와 변이가 가능하지만, 이 모든 것을 스스로 할 수 없으며 반드시 숙주세포가 가진 복제 시스템을 이용해야만 하지요. 심지어 숙주 밖으로 나온 바이러스는 생명 활동은커녕 그저 일종의 결정 형태로 추출될 뿐입니다. 그래서 바이러스는 독립된 생물로 인정받지 못합니다. 숙주세포가 없으면 홀로 존재할 수 없는 절대적 기생체로, 어찌 보면 생물과 무생물의 경계에 위치하는 존재라 할 수 있습니다. 그래서 바이러스를 '생명을 빌려서 살아가는 존재'라고도 하지요.

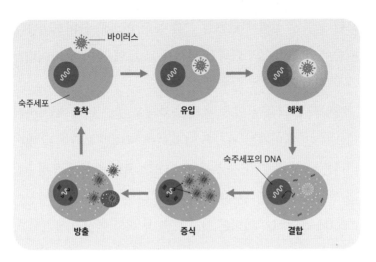

바이러스의 생명 활동 과정. 바이러스는 숙주세포를 만나지 못하면 이와 같은 생명 활동을 멈추고 사멸된다.

    바이러스는 대부분 숙주를 떠나 외부 환경에 노출되면, 활동을 멈추고 일정 시간이 지나면 분해되어 버립니다. 그러나 분해되기 전, 숙주가 될 다른 세포를 만나면 다시 그 속으로 들어가 생명 활동을 시작하게 됩니다. 바이러스는 크게 흡착-유입-해체-결합-증식-방출의 6단계를 거치며 살아갑니다.

    먼저 적당한 숙주세포를 만난 바이러스는 숙주세포의 세포막에 달라붙어 흡착합니다. 그런 다음 자신이 가진 단백질 열쇠를 이용해 세포 안으로 들어가는 유입 과정을 거칩니다. 세포막이나 세포벽은 대부분의 물질을 통과시키지 않으며 꼭 필요한 물질만 선별해 단백질 문을 통해 안으로 들여보냅니다. 때문에 바이러스의 단백질 열쇠가 그 문에 맞아야 바이러스가 숙주세포 안으로 들어갈 수 있지요.

이렇게 흡착과 유입을 통해 숙주세포 안으로 들어간 바이러스는 먼저 이제껏 자신을 보호해준 단백질 껍데기를 벗어버리는 해체 과정 뒤, 숙주세포의 DNA 속에 자신의 유전물질을 끼워 넣는 결합 단계에 이릅니다. 이제 숙주세포는 자신의 DNA에 스파이가 끼어든 것도 모른 채 이를 열심히 복제하고, 바이러스의 몸체를 둘러싸는 데 필요한 단백질 껍데기도 만들어줍니다. 이렇게 숙주세포 내에서 열심히 증식한 바이러스는 자신의 유전자와 단백질 껍데기가 충분한 양으로 쌓이게 되면, 이들끼리 결합해 숙주세포를 떠나며 마지막 방출 단계에 다다릅니다.

코로나바이러스가
문제가 된 이유

그렇다면 코로나19 바이러스는 무엇일까요? 코로나19는 2019년 말, 중국의 우한 지방에서 처음 바이러스성 폐렴을 일으켜 '우한 폐렴'으로 불리다가, 세계보건기구의 권고로 2019년 신종코로나바이러스감염증COVID-19: Coronavirus disease-2019으로 불리게 됐지요. 이것의 정체는 바로 변종 코로나바이러스입니다.

코로나바이러스가 처음 발견된 건 1937년입니다. 당시 가축용 닭이 걸리는 감기 비슷한 질병을 연구하던 미국 연구진 두 명이 병든 닭의 호흡기에서 처음 보는 모습의 바이러스를 발견했습니다. 전자현미경으로 관찰한 이 바이러스는 외부에 작은 돌기들이 잔뜩 돋아나 있는데, 이 모양이 마치 왕관의 장식을 닮았다 하여 라틴어로 관冠을 의미하는 '코로나corona'라는 이름이 붙었습니다.

추후 연구를 통해 코로나바이러스류에 속하는 바이러스들은 척추동물의 세포를 숙주로 삼는 동물성 바이러스로, 한 가닥의 RNA를 유전물질로 가지고 있다는 사실이 알려졌습니다. 그러나 이후 꽤 오랫동안 코로나바이러스는 사람들의 관심을 끌지 못했습니다. 동물에 비해 상대적으로 사람에게는 큰 문제를 일으키지 않았고 대규모 유행을 일으키는 경우도 거의 없었기 때문입니다.

코로나바이러스가 처음으로 문제가 됐던 것은 2002년에 사스SARS가 발병했을 때입니다. 이때 처음으로 등장한 변종 코로나바이러스는 폐렴과 그로 인한 합병증으로 상당수의 환자를 사망에 이르게 했지요. 다행스럽게도 사스는 발병한 이듬해에 저절로 자취를 감췄고 이후 다시 나타나지 않았습니다. 그러나 2012년 발병한 메르스MERS의 높은 사망률과 2019년에 세계를 강타한 코로나19의 엄청난 전염성은 코로나바이러스에 대한 사람들의 불안감을 타오르게 했습니다.

비교적 문제가 없었던 코로나바이러스가 왜 갑작스레 문제를 일으킨 것일까요? 아직 정확한 이유가 알려지지 않았지만, 과학자들은 코로나바이러스에 동물과 사람에게 모두 감염되는 인수공통감염 돌연변이가 발생했기 때문이라고 생각합니다.

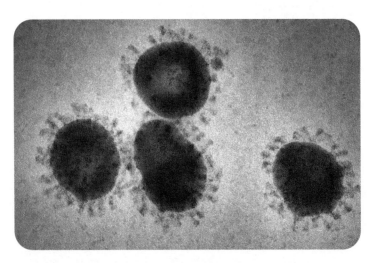

전자현미경으로 본 코로나바이러스. 왕관 모양의 돌기를 관찰할 수 있다.

바이러스의 생존 방식은 넓고 얕기보다는 깊고 좁은 편입니다. 즉, 대부분의 바이러스는 자신에게 가장 적합한 숙주를 골라 집중적으로 기생하지요. 정착민은 살림살이를 많이 들여놓아도 되지만, 유목민은 필요할 때 훌쩍 떠날 수 있게 짐을 최소한으로 줄이는 것이 좋습니다. 마찬가지로 숙주세포들 사이를 떠돌며 살아가는 바이러스는 숙주세포의 문을 열고 들어갈 열쇠를 다양하게 가지고 있기 어렵습니다. 그러니 자신이 침투할 수 있는 종류의 숙주 한두 종에만 특화되는 경우가 많지요. 이런 것을 바이러스의 종간 특이성이라고 합니다. 예를 들어 구제역을 일으키는 아프타바이러스Aphthovirus는 소나 돼지에게는 감염되지만, 사람에게는 감염되지 않습니다.

하지만 이런 구도는 영원히 지속되지는 않는다는 것이 문제입니다. 특히나 감염된 숙주들이 다른 생물 종과 자주 접촉하는 경우, 종종 바이러스는 새로운 영역을 개척하기도 합니다. 바이러스의 속성상 숙주세포에서 충분히 증식하여 숫자를 불린 바이러스들은 숙주세포를 떠나게 되는데, 그 과정에서 우연히 다른 숙주와 접촉하게 되기도 합니다. 이 경우 대다수의 바이러스는 낯선 숙주에 침입하지 못하고 그대로 파괴되어 버리지만, 우연히 돌연변이가 일어난 바이러스가 생겨 새로운 숙주에 침투하는 데 성공할 수도 있습니다. 이들을 '변종 바이러스'라고 하지요.

사스를 일으켰던 변종 코로나바이러스가 박쥐에서 사향고 양이를 통해 사람에게로, 메르스를 일으킨 변종 코로나바이 러스가 박쥐에서 낙타를 거쳐 사람에게로 전파되었던 것처럼, 과학자들은 코로나19 바이러스 역시 비슷한 경로로 전파되었 다고 추정하고 정확한 원인을 찾기 위해 노력하고 있습니다.

바이러스와 공존하려면
어떻게 해야 할까?

처음에는 속수무책이던 코로나19였지만, 시간을 거치면서 우리는 그에 대한 대응책을 찾아냈습니다. 백신을 비롯해 중 증 진행을 막는 치료제도 개발하고, 사회적 거리두기와 개인 위생에 신경을 쓰는 등 다양한 대응법들이 자리 잡았지요. 이 러한 노력 덕분에 초기 10퍼센트에 달했던 코로나19 사망률 은 이제 1퍼센트 아래로 내려왔습니다.

바이러스가 정확히 언제부터 등장했는지는 알 수 없지만, 적어도 인류가 이 땅에 존재하기 전부터 있었던 것은 확실합 니다. 그리고 현재 우리가 알고 있는 모든 생물체에는 기생할 수 있는 바이러스가 발견되었습니다. 바이러스는 지구상의 모든 생명체가 멸종하지 않는 이상 사라지지 않을 것입니다. 그러니 바이러스를 퇴치하는 것은 불가능합니다. 게다가 모든 바이러스가 인간을 위협하는 것도 아닙니다. 대부분의 바이러스는 사람이 아니라, 세균과 같은 미생물을 공격하여 파괴합니다. 이런 바이러스를 박테리오파지bacteriophage라고 하는데, 세균의 수를 적절히 조절해 자연의 균형을 맞추는 역할을 하고 있지요.

그렇다면 우리는 어떻게 해야 할까요? 가급적 바이러스로부터 해를 입지 않는 방식을 찾아 바이러스와 공존해야겠지

요. 다시 말해, 우리가 해야 할 일은 바이러스와 조심스러운 휴전 상태를 지속하는 것입니다.

이를 위해서는 먼저 야생동물의 서식지를 침탈하지 않는 것이 좋습니다. 야생동물에게는 우리에게 낯선 바이러스들이 숨어있을 가능성이 높고, 이들과 빈번하게 접촉하면서 새로운 변종 바이러스들이 유입될 수 있으니까요. 또한 개인위생을 철저히 하고 사회적 방역에 힘써 바이러스가 새로운 숙주로 들어갈 고리를 끊어서 확산 속도를 낮추는 것도 좋습니다. 마지막으로 백신과 치료제의 개발과 지원뿐만 아니라 이들을 정확히 알고 제대로 활용하는 방법에 대한 교육도 필요합니다. 백신에 대한 근거 없는 불신이나 치료제에 대한 맹신은 오히려 해가 될 테니까요. 그게 바로 작지만 거대한, 위험하지만 함께해야 하는 바이러스를 다루는 현명한 전략이 되겠지요.

본격 배틀 찬반 토론

너 왜 계속 마스크 쓰고 있어? 이제 벗어도 되잖아.

코로나19 바이러스가 완전히 없어진 게 아닌걸. 언제 또 다른 바이러스가 나올지도 모르고.

이 정도면 코로나19 바이러스를 정복한 거 아니야?

한국-세계보건기구 코로나19 임상 연구 국제 협력을 위한 전문가 회의

우리는 코로나19를 통해 세계적으로 협력하고 과학적으로 바이러스에 대처하는 법을 익혔잖아.

이제 인류는 새로운 바이러스가 나오더라도 더 잘 대처하고 빠르게 정복할 수 있을 거야.

연구협력!

인류가 바이러스를 정복할 수 있다고?

난 그렇게 생각하지 않아.

아직 코로나19가 어떻게 시작되었는지, 왜 이렇게 빠른 속도로 퍼졌는지, 어떻게 치료하는지도 확실히 모르는걸.

코로나는 삼림 파괴 때문?

제2, 제3의 코로나 발생 가능성은?

케케…

아직 연구하고 알아내야 할 것들이 가득이라고.

그때까지는 조심해야지.

그렇지만 사람들은 1년 만에 코로나19 백신을 개발해 냈잖아.

과학기술의 발달로 백신과 치료제 개발도 점점 빨라지고 있어.

천연두를 예방하는 종두법을 개발한 제너 덕분에 2000년이 넘게 인류를 괴롭히던 천연두 바이러스를 정복한 역사를 생각해 봐.

우두에 걸린 암소를 이용한 천연두 백신

백신을 만드는 건 결코 쉽지 않아. 인류가 정복했다고 할 수 있는 바이러스는 천연두와 소아마비 정도야.

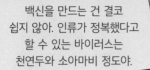

나 만들기 어려워~

게다가 바이러스는 너무 빨리 변하고 있어. 기술 발전보다 변이 속도가 더 빠른걸.

나는 발 빠른 바이러스.

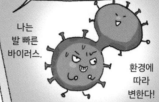

환경에 따라 변한다!

코로나19만 해도 백신으로 대응한 뒤에 각종 변이가 계속 생겨났잖아.

우리는 바이러스 형제들!

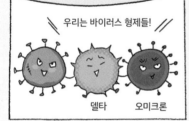

델타　오미크론

깨끗!

그래도 개인위생을 강화했고, 첨단 장비 사용 등 바이러스에 대응할 수 있는 다른 기술도 발달하고 있어.

앞으로 새로운 바이러스가 나타나 인간을 공격하는 것도 미리 막을 수 있지 않을까?

새로운 바이러스는 그 시간을 기다려주지 않아. 지구온난화가 심각해지면서 질병 발생 속도도 점점 빨라지고 있다는 거 몰라?

시베리아의 영구동토층이 녹으면서 그 안에 수만 년 동안 갇혀있던 위험한 바이러스들이 대거 깨어날 거라고 해.

으아……

얼어있던 순록 사체를 통해 탄저병 감염 및 사망 사건 발생

하지만 바이러스는 숙주가 죽으면 살 수 없어. 그래서 스스로 감염률은 높아도 치사율이 높지 않게 진화하고 있대.

아이고오……

감염되면 죽도록 아프겠지만, 죽지는 않겠지.

꿀꺽

켁

에고 콜록 쿨럭

사레들렸다!

윽

설마 코로나?

그렇게 바이러스가 무서우면 차라리 마스크를 쓰지?

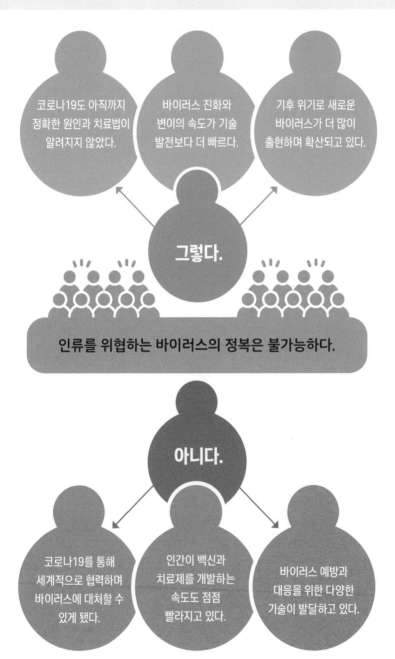

바이러스와 싸우는 방법, 면역

우리 몸이 외부의 병원체에 대항하는 방식을 면역이라 부릅니다. 재채기하고, 콧물을 흘리고, 강력한 위산을 내뿜으면 대부분의 병원체를 막을 수 있습니다. 이 관문을 넘어 들어온 강력한 병원체는 백혈구와 싸우고, 세균이나 이물질을 잡아먹는 식세포를 피해야 합니다. 우리는 기본적으로 백혈구와 식세포를 사용할 수 있는 상태로 태어나는데, 이런 기본적인 방어가 뚫리면 감염이 일어나지요.

이렇게 감염을 일으키는 외부의 병원체를 항원으로 하여 몸이 항체를 만들고, 항체는 같은 항원에 대해 대처하게 됩니다. 백신은 항원과 비슷한 물질을 우리 몸속에 투여하여 그에 대응하는 항체를 만들어낼 수 있도록 하는 거죠. 면역계를 연습시키는 것입니다. 다음에 실제 항원이 들어오면 기억하다가 곧바로 대응하도록 말이죠.

그런데 면역은 알레르기와 같은 면역 질환을 만들기도 합니다. 예를 들어 꽃가루와 진드기 등을 항원으로 인식해 우리 몸이 항체를 만들고 공격하면서 괴롭게 되는 것이죠. 알레르기성 천식, 아토피, 비염 등이 잘못된 면역으로 생기는 질환입니다.

5
라운드

일을 가장 효과적으로
나누는 방법은?

논제

팀플레이에서 가장
중요한 것은 동일한 분업이다.

#분업 #꿀벌 #개미 #팀플레이 #효율성 #다양성

정말 미치겠네.

 오늘은 또 무슨 일이신가.

 수행평가로 하는 조별 발표 있잖아. 내가 조장이거든.
토요일에 모여서 발표 자료 만들고 연습하자고 했더니,
지민이는 가족여행 가서 못 나온대고, 태형이는
자료만 보내겠다잖아.

 아! 원래 지민이는 놀기만 좋아하고,
태형이는 극강의 I라 사람들 앞에 안 나서잖아.

 거기까진 이해해. 근데 지은이 말이야. 자기 곰손이라
PPT는 못 만든다고 나한테 다 떠넘기는 거 있지?
아니, 누군 처음부터 잘했니?

 근데 진짜야. 지은이한테 시키면
무진장 촌스럽게 만들걸?

 그럼 어떡하냐고! 누군 시간 없다, 누군 못한다!
다들 똑같이 나눠서 각자 맡은 일 해오면
공평하고 효율적이잖아. 그게 그렇게 어려워?

곤충 사회의 팀플레이

효율적인 분업의 상징, 컨베이어시스템

여럿이서 함께하는 공동 과제를 수행하기 위해서는 적절하게 일을 배분하는 것이 중요합니다. 그런데 어떻게 일을 나누는 것이 좋을까요?

가장 먼저 떠오르는 것은 일을 잘라서 사람들에게 똑같이 나눠주는 것입니다. 대표적인 것이 컨베이어시스템conveyor system이지요. 1920년대, 미국 포드 자동차 공장에서는 자동차라는 크고 복잡한 기계를 만드는 과정을 부품 하나 단위로 모두 쪼개어 노동자들에게 각각 분배하는 당시로서는 획기적인 생산 시스템을 도입했습니다.

컨베이어라는 자동 벨트가 끊임없이 움직이며 부품을 날라 주고, 노동자들은 제자리에서 자신의 앞에 놓인 부품만 조립 하면 됐지요. 이처럼 컨베이어시스템은 일을 단순하게 쪼개고 나누어주면서 시간당 생산량을 비약적으로 증가시켰습니다.

하지만 컨베이어시스템은 장점만큼 단점도 많습니다. 단순 노동의 반복으로 인한 노동의 질 저하, 노동자를 사람이 아닌 기계처럼 대하는 비인간화 등 다양한 문제점을 가지고 있습니다. 분업의 효율성은 유지하면서도, 이러한 단점을 보완할 수 있는 시스템은 없는 걸까요?

1936년 영화 「모던 타임즈」의 한 장면. 컨베이어시스템에서 나사못 조이는 일을 하던 주인공 찰리 채플 린은 눈에 보이는 모든 것을 조이려는 병에 걸려 정신병원에 가게 된다.

꿀벌 사회에서 배우는
분업 시스템

의외로 해결의 실마리는 사람이 아니라 자연이 가지고 있습니다. 꿀벌처럼 사회를 이루고 살아가는 사회성 곤충을 살펴볼까요? 하나의 벌집 안에서 사는 모든 벌은 각자 개체로서 살아간다기보다는 벌집 전체가 하나의 생명체이고, 각각의 벌은 이 생명체를 구성하는 세포처럼 움직입니다.

꿀벌 사회에서 여왕벌과 수벌이 하는 일은 간단하고 명료합니다. 여왕벌은 끊임없이 알을 낳아 벌집 안의 개체 수를 늘리고, 수벌은 여왕벌이 알을 낳을 수 있도록 정자를 제공하지요. 하지만 일벌은 다릅니다.

일벌은 자기 자신과 꿀벌 집단과 벌집이 유지되는 데 필요한 모든 일을 해냅니다. 여기저기 돌아다니며 꿀과 꽃가루를 모아 벌집 속에 저장하고, 여왕벌이 낳은 알과 알에서 깨어난 애벌레를 돌보고, 새로 태어난 애벌레들이 들어갈 방도 만듭니다. 또 벌집 안팎을 청소하고, 벌집 안이 너무 뜨겁거나 너무 차가워지지 않도록 온도를 조절하고, 벌집을 지키기 위해 경계를 서거나 침입자를 공격하는 등의 일도 모두 일벌의 몫입니다. 그런데 일벌들은 도대체 이 수많은 일들을 어떤 기준으로,

어떻게 나눠서 하는 걸까요? 일벌들은 태어난 순서에 따라 안에서 밖으로, 즉 쉽고 안전한 일에서 어렵고 위험한 일로 차례차례 해나갑니다.

여왕벌이 낳은 알은 약 3일이면 부화되어 애벌레가 됩니다. 알에서 깨어난 일벌 애벌레들은 첫 3일간은 로열젤리를, 그 후 3일간은 꿀과 꽃가루를 먹고 자라 6일 만에 번데기가 됩니다. 그리고 약 12일 동안 번데기 과정을 거치며 통통하고 하얀 애벌레에서 짙은 색의 꿀벌로 변모하지요. 갓 성체가 된 어린 일벌은 아직 세상에 서투릅니다. 그러니 5일 동안 벌집 안에 머무르며 벌집을 청소하고 훗날을 대비해 침 속에 독액을 축적하는 등 가장 간단한 일을 합니다.

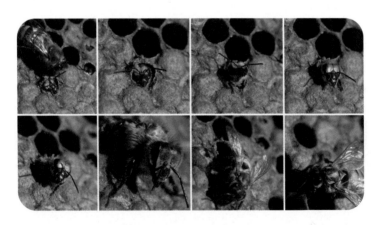

일벌의 탄생. 번데기에서 나와 갓 성체가 된 어린 일벌은 가장 안전하고 쉬운 벌집 청소를 맡는다.

번데기에서 나온 뒤 5일이 되면 일벌의 머리에서 로열젤리가 분비되기 시작합니다. 이제 일벌은 밀랍 방을 돌아다니면서 로열젤리를 애벌레들에게 먹이고 이들을 돌보는 일을 맡습니다. 번데기에서 나온 지 약 14일이 지나 로열젤리 분비선이 막히면 드디어 일벌에게 벌집 주변을 둘러보는 임무가 주어집니다. 어느 정도 세상에 익숙해진 일벌은 집 주위를 날아다니며 행여나 벌집을 노리는 적들이 없는지 경계를 서고, 훗날 꿀을 따러 먼 거리를 나갔다가도 무사히 돌아올 수 있도록 벌집의 위치와 주변 지형지물을 파악해 둡니다.

또한 이 시기에는 일벌의 밀랍 분비가 활발해서 벌집이 부서지거나 망가진 곳이 있으면 이를 수선하기도 하고, 벌집에 새로운 방을 더 만들기도 합니다. 그리고 멀리 나간 벌들이 따온 꽃꿀에 든 수분을 날리고 발효시켜 오랫동안 보관해도 상하지 않게 만듭니다.

서서히 나는 것과 주변 지리에 익숙해진 일벌은 번데기에서 나온 뒤 약 21일이 지나면 본격적으로 바깥일을 시작하게 됩니다. 꽃꿀 따기에 투입되는 것이죠. 한 번 일하러 나간 일벌은 매일매일 약 50~200송이의 꽃을 돌아다니며 한 번에 약 0.02~0.04그램의 꿀을 따서 돌아옵니다. 그렇게 꿀을 따며 3주 정도 더 일하다가 45일 남짓한 짧은 생을 마치지요. 가장 멀고 험한 곳까지 나갔다 오는 일벌은 늘 가장 경험 많은 일벌이랍니다. 이렇게 가벼운 일부터 시작해 점차 다음 단계로 나아가는 일벌의 일생은, 보이지 않는 누군가가 가장 적합한 프로그램을 설계해 준 것처럼 정교하고 효율적입니다.

일하지 않고 빈둥거리는 일개미가 있다고?

꿀벌과 함께 대표적인 사회성 곤충인 개미 역시 비슷한 일생을 보냅니다. 알에서 깨어난 일개미 애벌레는 4~5회의 탈피를 하고 번데기를 거쳐 성충이 됩니다. 번데기에서 갓 나온 어린 일개미는 굴에만 머물며 여왕과 일개미 애벌레들을 돌보다가, 시간이 지나면 여기저기를 청소하고 새로운 굴 파는 일을 하지요. 그렇게 굴에 익숙해지면 땅으로 올라와 출입구 주변을 경계하는 것을 시작으로 주변을 돌아다니다가, 점차 먹이를 찾아 먼 거리까지 이동하게 됩니다.

특히 집 근처가 아니라 멀리 나가서 먹이를 찾아오는 일은 나이가 가장 많고 수명이 다해 죽을 가능성이 높은 개미들만 참여합니다. 분업의 순서는 꿀벌과 거의 비슷하지만, 개미는 꿀벌보다 수명이 길어서 약 1~2년을 살기에 해당 분업의 기간이 벌에 비해 좀 더 긴 것이 다른 점이겠지요.

일벌과 일개미의 일생을 가만히 들여다보노라면, 어쩐지 짠해집니다. 태어나면서부터 죽을 때까지 한시도 쉬지 않고 일하고, 나이 들어갈수록 점점 더 힘들고 험한 일을 맡아야 하니 얼핏 살면 살수록 힘들어지는 삶처럼 보입니다. 분명 꿀벌과 개미의 분업 시스템은 더없이 효율적입니다. 가장 잘할 수 있는 일을 가장 잘하는 이가 맡아서 하니 전체적인 생산성이 높아질 수밖에요. 하지만 흥미롭게도 자연은 이토록 완벽한 시스템에도 약간의 허점을 만들어두었답니다.

일본의 진화생물학자 하세가와 에이스케 박사는 『일하지 않는 개미』라는 책에서 "모든 개미가 다 일 중독자는 아니다."라고 말합니다. 오히려 하세가와 박사는 일개미의 상당수는 다른 일개미들이 일할 때 빈둥빈둥 놀면서 게으름을 부린다고 말합니다. 아니, 자연의 손은 왜 이런 '비효율'을 그 커다란 '운명의 낫'으로 쳐내지 않았을까요?

하세가와 박사는 일개미의 일부만 일하고 일부는 빈둥거리는 것에 대해 두 가지 설명을 제시합니다.

첫째, 빈둥거리는 개체들이 교대 근무를 하고 있을 가능성입니다. 생물이 기계와 다른 점은 일하면 지쳐서 다시 회복할 시간이 필요하다는 것입니다. 그런데 집단 전체가 한꺼번에 일하면, 이들이 지치는 시간도 비슷할 테니 일상에 공백이 생깁니다. 이는 오히려 집단을 위험에 빠트릴 수 있습니다. 애벌레들은 언제나 배가 고플 터이고, 적들이 공백 시간을 피해 쳐들어오지는 않을 테니까요. 그러니 일하는 시간을 어긋나게 해서 교대로 일하는 것이 집단의 효율성을 높이는 일이 됩니다. 일하지 않는 일개미들은 겉으로는 빈둥거리는 것처럼 보여도 사실은 열심히 일한 뒤 정당한 휴식을 누리고 있다는 것이지요.

둘째, 한눈파는 개미의 존재가 오히려 집단에 득이 된다는 것입니다. 꿀벌이나 개미는 보통 먼저 나갔다 온 소수의 선발

대가 알려주는 정보에 따라 다수의 후발대가 먹이를 구하러 갑니다. 그런데 특정한 먹이를 선발대가 미처 발견하지 못하고 지나치면, 후발대는 선발대만 따라가느라 역시 놓치게 됩니다. 하지만 선발대가 알려준 정보를 제대로 기억하지 못하거나 깜빡 딴짓하던 이탈자들이 어슬렁거리다 생각지도 못한 곳에서 새로운 먹이를 발견할 가능성이 있지요. 다양성을 통해 집단 전체의 생산성을 높이게 된다는 것입니다.

생태계를 구성하는 존재들에게 있어서 가장 중요한 것은 시스템의 유지입니다. 전체 시스템을 유지할 수 있는 최적의 방법을 가지고 있기에 진화의 낫에서 살아남을 수 있었겠지요. 꿀벌과 개미 사회가 안정적으로 유지되기 위해서는 일벌과 일개미가 각자의 특성에 맞춰 잘할 수 있는 일을 맡아서 하는 것이 중요합니다. 하지만 환경이 언제나 똑같지는 않습니다. 자연은 끊임없이 변화하기에 그에 맞춰 대응하여 살아남기 위해서는 어느 정도 변화에 대한 대처 능력도 갖춰야 합니다. 그래서 자연은 그들 중 일부에게 새로운 가능성을 열어줄 수 있는 딴짓과 한눈팔기를 허용했습니다.

인간 사회도 비슷합니다. 사회가 제대로 돌아가기 위해서 각자 맡은 바 책임을 다해야 합니다. 각자의 능력과 자질에 따라 잘할 수 있는 일을 맡아서 한다면 더 효율적이겠지요.

하지만 지나친 효율성의 추구는 전체 시스템을 경직시키기 쉽습니다. 자연이든 인간 사회든 그 변화에 적절하게 대응하려면 기본적으로 효율성을 갖추되, 상황에 따라 유연한 대응도 필요합니다. 잠깐 일손을 놓고 다른 일에 한눈을 파는 과정에서 새로운 해결책이나 색다른 관점을 찾을 수도 있으니까요. 그렇지만 단지 주어진 일을 하기 싫어서 한눈을 팔거나, 그 과정에서 자신이 해야할 일을 남에게 미룬다면, 그건 딴짓이 아니라 '나쁜 짓'이 되겠지요?

본격 배틀 찬반 토론

아, 이번 조별 수행평가 너무 힘들었어.

역할 분담을 했는데 왜 혼자 하는 것보다 더 힘들까?

각자 상황이 다르고 능력이 다른데 너무 똑같이 일을 나누려고 해서 그런 게 아닐까?

팀플레이는 일을 나눠서 하면서 효과적으로 목적을 이루려고 하는 거 아니야?

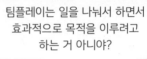

꿀벌 사회에서 일하는 것만 봐도 알 수 있잖아.

일벌의 분업

방 청소 → 애벌레 돌보기 → 꿀 관리 → 꿀 채집

일벌들은 시기에 따라 차례차례 동일한 일을 나눠 한다고.

하지만 동물 사회도 모두가 똑같이 일하지는 않아.
어떤 개미들은 게으름을 부리고 딴짓을 하기도 한대.

어이, 내가
좋은 걸 찾았어!

왜 일
안 해?

딴짓하는 개미들이 새로운 먹잇감을 발견할 수 있고,
결국 다른 개미들에게도 이익이 되는 거지.

이렇게 달라 보이는
행동이 팀플레이에 필요할 때도
있는 거라고.

그건 너무 예외적인
상황이 아닐까?

기업에서 여러 사람들이 함께
일하는 것도 일을 나눠서 하면
짧은 시간에 효과적으로 결과물을
낼 수 있기 때문이잖아.

시간당 생산량을 극대화시킨
컨베이어시스템을 생각해 봐.

자동차 1대 생산시간 630분에서 93분으로 단축!

그렇게 극단적으로 효율성을 추구했기 때문에 문제도 많았대. 모두가 똑같이 단순한 일을 하게 되니 노동의 질이 저하되기도 하고.

나는 기계가 아닌데.

누구를 위한 효율성인가!

우리가 팀플레이를 하는 것은 함께 살아가기 위한 연습이 아닐까?

각자 능력에 맞게 기여하고, 서로 배려하며 신뢰를 쌓아가는 거지.

하지만 일을 동일하게 나눠야 책임감 있게 협업할 수 있다고 생각해.

무조건 배려하고 자율에만 맡기다 보면 분명히 무임승차하는 사람들이 생겨. 일방적으로 희생하는 사람들이 나온다고.

줄다리기를 혼자 하면 전력투구하는데,
사람 수가 늘어나면 다들 힘을 줄인대.

영차!

영차!

나 하나쯤 열심히 당기지 않아도 되겠지?

제대로 분업하는 게 중요하다는 거지!

동일한 분업만 추구하면
다양한 의견을
받아들이기 어려워.

빨리! 가자!

여러분, 이 방향이
아닌 것 같아요.

결국 소외되는 사람이 생기고
집단을 떠나게 될 거야.

어라?

아무도 내 말을 안 듣네.
난 내리련다.

그런 식으로 팀이 깨지면
팀플레이를 할 수 없잖아?

뭐, 난 이제
끝났으니 괜찮아.

넌 조별 수행평가 다음 주라며?

응, 근데 우리 조 애들이
연락이 없어.

풋

파이팅!

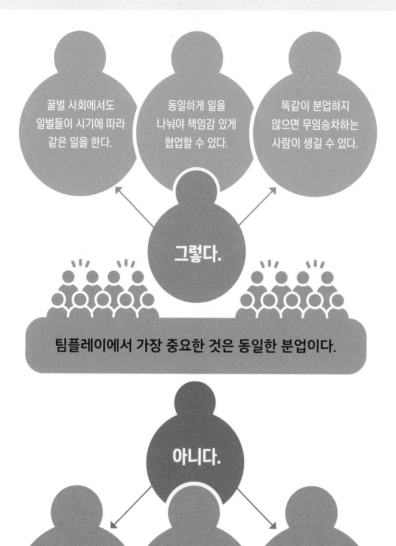

꿀벌 사회에서도 일벌들이 시기에 따라 같은 일을 한다.

동일하게 일을 나눠야 책임감 있게 협업할 수 있다.

똑같이 분업하지 않으면 무임승차하는 사람이 생길 수 있다.

그렇다.

팀플레이에서 가장 중요한 것은 동일한 분업이다.

아니다.

동일하게 일하지 않고 딴짓하는 일개미가 좋은 결과를 내기도 한다.

일을 함께하는 것은 여러 사람들과 조화롭게 살아가는 연습을 하는 것이다.

다양성을 담보하지 못한 분업은 소외되는 사람을 만들 수 있다.

그렇다, 아니다, 넌 어느 쪽?

꿀벌 집단의 초개체성

개미나 꿀벌 등 집단생활을 하는 곤충들이 외부 자극에 마치 하나의 생물처럼 반응하는 것을 초개체성이라고 합니다. 미국의 생물학자 토머스 D. 실리는 『꿀벌의 민주주의』라는 책을 통해 꿀벌은 집단 단위로 음식을 섭취하고 소화하며 영양의 균형을 유지한다고 이야기합니다. 또한 환경을 감지해 어떤 행동을 취할지도 꿀벌은 집단으로 결정한다고 합니다. 꿀벌 하나하나는 각각 생명을 지닌 개체이나, 이들이 모여 사회를 구축해 꿀벌 집단이라는 높은 차원의 생물 개체를 만들어 진화해 왔다는 것이지요.

꿀벌은 마치 뇌 속의 신경세포처럼 집단적인 지혜를 발휘한다고 해요. 꿀벌 집단이 새 보금자리로 이동할 때 수많은 벌들이 정찰을 나가 적당한 장소를 찾으면 다른 일벌들이 이를 수용하거나 거부하는데, 여러 차례의 시도 끝에 결국 다수의 합의를 이루어 최적의 장소를 찾아낸다는 것입니다. 벌 한 마리는 한정된 정보와 제한된 지능을 가지지만, 벌집에 모인 꿀벌들은 집단의 생존을 위한 최고의 결정을 내릴 수 있는 것이지요.

6
라운드

머리카락 색깔이
문제라고?

논제

외모로 인한 차별을
금지하는 법이 필요하다.

#색깔 #인종 #외모 #차별

짜잔, 내 머리 어때?

 헉! 머리색이 왜 그래?

 히히, 이거 하느라 네 시간이나 걸렸어. 탈색하고 다시 염색했거든. 그래도 색 정말 이쁘지?

 색이 잘 나오긴 했는데, 그러고 학교 갈 거야? 어쩌려고 그래?

 이제 방학인데 어때? 개학할 때 다시 검은색으로 덮으면 되지.

 겨우 한 달 하려고 그 고생을 했다고?

 그럼 어떡해? 염색이 너무 하고 싶은데.

 그래도 너무 튀는 거 아냐? 엄마가 뭐라고 안 하셔?

 뭐, 엄마야 한숨 쉬셨지만……. 머리카락이 무지개색이면 어때? 괜히 이상하게 보면서 이러쿵저러쿵하는 사람이 문제인 거 아냐?

하리하라의 생각 열기

생물의 색깔

사람마다 머리색이
다른 이유

저는 몇 년 동안 거의 금발에 가까운 색으로 머리를 염색하고 다녔습니다. 처음에는 사람들이 다들 이상하게 바라봤습니다. 40대에는 대개 흰머리를 감추기 위해 검은색이나 짙은 갈색으로 염색하지 이렇게 밝은 노란색으로 염색하는 경우는 많지 않거든요. 그래서인지 사람들의 첫인사는 "머리색이 참 독특하시네요."였습니다. 대놓고 지적하진 못했지만 편치 않은 시선을 보내는 이들도 종종 있었지요.

사실 사람들이 자연적으로 가지고 태어나는 머리카락의 색은 다양합니다. 흰색에서 노란색을 거쳐 갈색과 검은색에 이르는 갈색 톤의 온갖 그러데이션이 가능하지요. 사람마다 머리색이 다른 이유는 머리카락의 모낭 속에 존재하는 멜라닌의 양과 종류, 발현 정도의 차이 때문입니다.

멜라닌 합성을 담당하는 세포인 멜라노사이트melanocyte는 내부에 멜라노솜melanosome이라는 특수한 소기관을 가지고 있습니다. 이곳에서 아미노산의 일종인 타이로신을 원료로 하여 효소를 통한 몇 단계의 생화학적 공정을 거쳐 색소단백질인 멜라닌을 만들어냅니다.

이렇게 만들어진 멜라닌은 각질형성세포로 이동하여 피부색을 결정하고, 케라틴으로 구성된 모발의 피질 부위에 퍼져 머리카락의 색을 결정합니다. 머리카락의 피질 부위에 크기가 크고 짙은 갈색의 유멜라닌eumelanin이 많을수록 머리카락의 색은 검은색에 가까워지며, 크기가 작고 옅은 붉은색의 페오멜라닌pheomelanin의 함유량이 많을수록 머리카락의 색은 밝아집니다.

동양인의 검은 머리칼은 유멜라닌의 비율이 높기 때문입니다. 북유럽인들의 붉은색이 도는 머리칼은 페오멜라닌의 비율이 높기 때문이고요. 유멜라닌의 양에 따라 밝은 갈색에서 짙은 검은색까지, 페오멜라닌의 양에 따라 금발에서 적갈색까지 다양한 그러데이션이 만들어집니다. 만약 유멜라닌과 페오멜

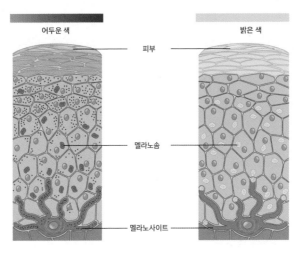

어두운 색   밝은 색

피부

멜라노솜

멜라노사이트

멜라닌 양이 많아지면 피부색은 어두워지고 멜라닌 양이 감소하면 피부색이 밝아
진다. 동양인에게는 유멜라닌이 많으며, 서양인에게는 페오멜라닌이 더 많다.

라닌이 모두 없다면 머리카락은 모두 흰색이 되지요.

머리카락은 색이 아니더라도 많은 정보를 담고 있습니다.
'터럭만큼'이라는 말은 아주 작거나 사소한 것을 비유적으로
이르는 말입니다. 머리카락 한 가닥은 그야말로 하찮은 것이
었으니까요. 하지만 범죄 현장에 떨어진 머리카락만큼은 터럭
만큼의 가치를 훨씬 넘어섭니다.

머리카락의 모근에는 DNA가 들어있기에, 범인을 특정 짓
는 결정적인 증거로 작용할 수 있거든요. 잘린 머리카락처럼
모근이 없더라도 머리카락의 색, 곱슬곱슬한 정도, 염색 정도

를 파악해 개인의 특징을 구분할 수도 있습니다. 그런데 이제는 머리카락 한 올 없이 누군가가 어떤 머리색을 가지는지 예측하는 것도 가능해졌습니다.

2018년 영국 킹스칼리지의 연구팀은 무려 30만 명에 달하는 유럽인의 머리색과 인간 유전자 데이터베이스를 비교하고 분석해서 머리색에 관련된 유전자를 무려 124개나 발견했다고 발표했습니다. 사람의 머리색이 제각각 조금씩 다를 수 있는 이유는 124개 혹은 그 이상의 유전자가 저마다 크고 작은 영향을 미치기 때문이라는 것이지요. 다르게 말해서 개인의 유전자를 알고 있다면, 그의 자연적인 머리색이 무엇인지 알 수 있다는 뜻이 됩니다.

새들이 아름다운 깃털 색을
유지하는 방법

사람의 머리색을 결정하는 유전자는 100여 가지가 넘으나 실제 색을 내는 것은 멜라닌이므로 흰색, 노랑, 주황, 갈색, 검정으로 이어지는 색상표 중의 하나가 머리카락의 주요 색으로 결정됩니다. 사람의 머리카락은 자연적으로는 파란색이나 초록색이 될 수 없습니다. 하지만 생태계의 다른 구성원들로 눈을 돌리면 다채로운 색의 향연이 펼쳐집니다. 대표적인 동물이 새입니다.

화려하고 예쁜 깃털로 인기가 많은 앵무새는 프시타코풀빈이라는 색소를 합성할 수 있는데, 이 색소는 강렬한 노란색과 선명한 빨간색 깃털을 만들 수 있습니다. 반면 홍학은 이름마저 '붉은 새'이지만, 스스로 빨간색 색소를 만들지는 못합니다. 대신 먹이로 섭취하는 붉은색 조류나 붉은색 갑각류에 포함된 베타카로틴을 흡수해 빨간색 깃털을 유지합니다. 사람도 가끔 귤을 한 상자쯤 먹고 나면 손바닥이 노래지기도 하는데, 바로 귤 속에 포함된 카로티노이드를 과다 섭취해 일어난 현상입니다. 사람의 경우 색소가 일시적으로 나타났다가 바로 사라지지만, 홍학의 경우에는 색소를 깃털에 보관하기 때문에 좀 더 오래 색이 유지되지요.

일종의 천연 염색을 시도하는 셈인데, 모든 염색이 그렇듯이 지속적으로 관리하지 않으면 색이 유지되지 않습니다. 다시 말해 홍학이 붉은색 먹이를 먹지 못하면, 그들의 깃털은 이름답지 않게 흰색으로 변합니다. 새는 이렇게 먹이에서 추출한 색소단백질을 깃털에 저장해 색을 내는 천연 염색에 통달한 종이 많습니다.

붉은 깃털의 홍학. 플라밍고라고도 불리는 홍학은 먹이로 섭취하는 베타카로틴 덕분에 붉은색 깃털을 만들 수 있다.

　더욱 흥미로운 것은 새의 종류에 따라, 똑같은 먹이를 먹어도 깃털 색이 다를 수 있다는 것입니다. 카나리아의 경우가 대표적입니다. 붉은색 깃털을 지닌 카나리아의 경우, 같은 먹이를 먹어도 항상 수컷이 암컷보다 더 진한 붉은색을 띱니다. 카나리아 암컷은 붉은색의 원인이 되는 베타카로틴을 분해하는 유전자가 카나리아 수컷보다 더 활발하기 때문입니다.

파랑새가 사실
파랗지 않다고?

벨기에의 극작가 마테를링크의 동화『파랑새』에서 '파랑새'는 현실에서 존재하지 않아 주인공들이 잡을 수 없는 꿈이나 이상을 의미합니다. 그런데 파랑새의 깃털에 숨은 색의 원리는 공교롭게도 '존재하지 않는' 파랑새의 특성과 묘하게 일치합니다. 새의 깃털에 정작 파란색을 띠는 색소는 한 톨도 없는 경우가 많기 때문입니다.

파랑새의 선명한 파란색 깃털은 색소가 아닌 빛의 산란으로 인한 현상입니다. 파란색 깃털을 현미경으로 확대해서 관찰하면 깃털을 구성하는 케라틴 단백질이 아주 작은 나노 구조를 띠고 스펀지처럼 쌓여있는데, 이들의 구조적 형태가 가시광선 중에 유독 파란색 빛만 반사하기 때문에 외부에서 이들을 인식하기에는 파란색으로 보인다는 것입니다.

실제로 우리의 눈이 색을 인식하는 것은 대상이 반사하는 빛의 파장대에 따라 달라지기도 하거든요. 대표적인 것이 식물의 초록색입니다. 식물은 광합성을 하는 과정에서 필요한 햇빛의 붉은색 파장과 파란색 파장을 흡수하고, 필요 없는 초록색 파장은 반사합니다. 우리 눈에는 반사된 초록색 파장만

들어와 식물을 초록색으로 인식하지요. 이렇게 실제로는 색이 없지만, 미세구조에 의해 특정한 색의 빛 반사로 만들어지는 색을 **구조색**이라고 합니다.

앵무새의 경우, 스스로 만든 프시타코풀빈 색소의 노란색과 구조색인 파란색이 합쳐져 초록색을 만들기도 합니다. 이렇게 새들의 다채로운 색은 저마다의 색소단백질이 지닌 고유의 색과 구조적으로 만들어지는 색, 그리고 이 두 가지 방식이 혼합되어 만들어지는 다양한 색으로 수만 가지의 스펙트럼을 구성하고 있습니다.

색에는 어떤 의도와 의미도
존재하지 않는다

이처럼 사람의 머리카락이나 피부, 동물의 깃털이 특정한 색을 가지는 것은 특정한 색소를 만드는 유전자를 가지고 있거나, 물리적 구조가 특정 빛을 반사하도록 만들어져 있기 때문입니다. 다시 말해 그렇게 태어났기 때문이며, 거기에는 어떤 의도도 없고 의미도 존재하지 않지요. 그럼에도 사람들은 색을 편견과 차별의 근거로 사용하기도 합니다.

서양에서 금발은 미인의 조건이었지만 동시에, 금발 여성은 멍청하다거나 금발 남성은 유약하다는 편견도 널리 퍼져있었습니다. 색뿐 아니라 머리카락 모양에 대한 편견도 존재합니다. 곱슬머리는 고집이 세고, 탈모 증상이 있으면 돈을 밝히고 남에게 인색하게 군다는 것처럼 말이죠. 이런 편견과 차별이 옛날이야기라고 생각하시나요?

흔히 '레게 머리'로 알려진 아프리카계 특유의 머리 모양을 이유로 차별하지 못하도록 하는 법안이 미국 하원에서 통과된 것이 2022년 3월입니다. 이는 '자연스러운 모발을 존중하는 열린 세상 만들기Creating a Respectful and Open World for Natural Hair', 일명 크라운 법CROWN Act이라고 불리지요.

이 법안을 지지하는 단체의 연구에 따르면, 백인이 다수인 학교에 다니는 흑인 학생의 66퍼센트가 흑인 특유의 머리 모양으로 인해 차별을 받은 경험이 있으며, 여학생의 경우 그 비율은 100퍼센트에 육박한다고 합니다. 성인의 경우도 마찬가지여서, 흑인 여성의 25퍼센트는 머리 모양 때문에 면접 거부를 당한 경험이 있다고 합니다.

이는 비단 미국의 이야기만은 아닙니다. 예전보다는 많이 나아졌지만, 우리나라에서도 머리카락의 길이, 색깔, 모양 등에 대해 색안경을 끼고 보는 일이 적지 않습니다. 그러나 변화의 조짐도 보입니다. 처음에는 제 노란색 머리를 이상하게 보던 이들도 몇 년 지나 익숙해지니 이를 저의 스타일로 받아들이더군요. 탈색을 반복하다 머릿결이 너무 상해 다시 검은색으로 덮었더니 오히려 아쉬워하는 사람들도 있었고요. 우리가 특정 머리 모양이나 피부색에 거부감을 느끼는 건 우리가 많이 접해본 적이 없기 때문이지 않을까요? 처음에는 나와 다른 색과 결을 지녀 낯설었던 이들이라 하더라도 오래 보아 익숙해지면 점차 자연스러워집니다. 그러니 낯설다고 거부감부터 느낄 것이 아니라 조금 더 함께하는 시간을 가져보는 것이 좋겠지요.

본격 배틀 찬반 토론

이럴 수가! 직원 채용 시험에서 외모를 평가해 탈락시킨 병원이 있었대.

정말? 혹시 외모가 중요한 직업이었던 게 아닐까?

병원 사무직 직원에게 외모가 무슨 상관이야? 평가 항목에도 없던 외모에 점수를 매겼다잖아.

너무해!!

병원

외모가산점

외모최저점

합격

불합격

외모가 '하'라는 이유로 탈락시켰대.

외모처럼 선택할 수 없이 타고나는 것 때문에 차별받는 건 부당해.

이런 건 법으로 금지해야 돼!!!!

크악~!!

워~, 진정해.

법으로 해결할 수 없는 문제 같아.
외모로 차별했다는 걸 어떻게 입증해?

뚱뚱하다고
차별하는 거야?

바빠서 못
도와드리는
거예요.

미국에서도 뚱뚱한 고객을 거부한 곳에서
바빴을 뿐 차별한 게 아니라고 했다잖아.

이런 문제를 법으로 금지하면 오히려 분쟁이 늘어날걸?

이 사람이
나 차별했다고!

휴, 그만들
하세요.

왜 이래? 증거 있어?

더 중요한 일에 써야 할 법 집행 능력을
쓸데없는 곳에 쓰게 되겠지.

슬프지만 편을 나누고
차별하는 것은
인간의 본능이래.

살아남기 위해 나와 다른 이들을
예민하게 구분하고 배제했다고 해.

인간은 역시
악한 건가?

야, 쟤는 말라서
사냥도 못해. 가자.

법을 통해 강력하게 처벌하면, 차별하면 안 된다는 경각심을 줄 수 있어.

법 +

규제

또, 판례가 쌓이다 보면 애매한 기준도 점차 구체적으로 바뀔 거야.

우리나라에는 이미 국가인권위원회가 그런 역할을 하고 있어.

국가인권위원회

차별이 일어나면 국가인권위원회에서 권고 조치를 하며 사회 전반적인 인식 개선을 위해 노력하고 있잖아.

그치만 권고 조치는 강제성이 너무 약한걸.

어이, 거기! 복장 불량!

두-두둥

으아아아아악, 빨리 도망쳐!

거기 서!

피슝

외모처럼 선택할 수 없이 타고나는 것 때문에 차별받는 것은 부당하다.

차별하는 것은 인간의 본성이니 법으로 강력하게 막아야 한다.

법을 통해 경각심을 주고, 애매한 기준을 구체적으로 바꿀 수 있다.

그렇다.

외모로 인한 차별을 금지하는 법이 필요하다.

아니다.

외모 차별은 모호하고 입증이 어려워 법으로 해결하기 어렵다.

법과 같은 강한 제재는 반발과 사회적 혼란을 불러올 수 있다.

국가인권위원회의 교육과 인식 개선 노력으로도 충분하다.

근거를 한번 따져볼까?

우리 몸속 멜라닌

햇빛에 오래 노출되면 멜라닌세포는 효소의 영향을 받아 어두운색 물질인 멜라닌을 만듭니다. 우리 몸이 스스로 햇빛을 막기 위한 선글라스를 만들어내는 것이죠. 멜라닌이 피부 밖에 나타난 것이 바로 점입니다.

멜라닌은 머리카락과 피부, 눈동자의 색깔을 결정할 뿐만 아니라 자외선이 피부 깊숙한 곳으로 침투하는 것을 막고, 세포에 해를 입히는 유해 산소를 제거하는 역할도 합니다. 자외선은 DNA에 결합 오류를 발생시키고, 피부조직을 파괴하거나 약화시키기도 하는데 이를 막아주는 것이죠.

멜라닌세포는 우리 뇌에도 존재합니다. 멜라닌을 많이 함유한 신경멜라닌세포가 흑질 또는 흑색질로 불리는 부위에 자리 잡고 있지요. 신경멜라닌세포는 감정과 행동을 조절하는 중요한 신경전달물질인 도파민을 분비하는 역할도 합니다. 신경멜라닌세포가 파괴되면 퇴행성 신경질환의 일종인 파킨슨병이 나타나게 됩니다. 도파민이 부족해져서 손발이 저절로 떨리거나 근육을 마음대로 움직이지 못하는 증상을 겪게 되지요.

7
라운드

고기 없이
살 수 있을까?

논제

인간은 육식을 하지
않는 것이 좋다.

#육식 #채식 #배양육 #대체육

아, 배고파. 우리 햄버거 먹으러 갈래?

떡볶이는 어때? 너 떡볶이 좋아하잖아.

그렇긴 하지만, 오늘은 뭔가 기름진 게 먹고 싶단
말이야. 치킨이나 돈가스, 핫바도 좋고. 아, 오늘
저녁엔 엄마한테 삼겹살 구워달라고 해야겠다.

전부 다 고기네! 그런데 너 다이어트한댔잖아.
앞으로는 샐러드만 먹겠다며?

그러려고 했는데, 생각해 보니 코끼리는
풀만 먹고도 살찌잖아. 고기를 먹고
탄수화물을 줄이는 게 낫겠어.

코끼리는 하루에 200kg씩 먹으니까
그런 거고! 다이어트할 거면
환경에도 좋은 채식을 하는 게 어때?

아니야. 인간은 고기를 먹어야 힘이 난다고.
인간에게 뾰족한 송곳니가 왜 있겠니?

대체육과 배양육

인류 생존과
진화의 열쇠, 육식

인간은 고기를 먹을 수 있는 존재입니다. 심지어 인류학자들은 인류가 지금처럼 진화하는 데 육식이 결정적인 역할을 했다고 말하기도 합니다. 우리 조상들은 숲에 살며 과일이나 열매 등 식물성 먹거리를 주된 먹이로 삼는 종의 후손이지요. 지금도 우리와 유전적 친척이라고 할 수 있는 오랑우탄이나 고릴라는 열대우림에서 열매나 어린 순 등을 먹으며 살아갑니다.

하지만 기후가 바뀌며 숲이 초원으로 변하자, 그곳에 살던 우리 조상들도 바뀐 환경에 적응해야 했습니다. 그리고 먹을 것을 찾던 이들의 눈에 육식동물들이 사냥하고 남긴 잔해들이 들어왔습니다. 부드러운 내장과 살코기는 이미 사자와 독수리가 먹어치운 뒤였고 남은 건 하얀 뼈뿐이었지요. 이들은 직립보행을 하며 자유로워진 손으로 돌을 들어 뼈를 깨고 그 안의 골수를 꺼냈습니다.

골수는 수분을 제외한 나머지 부분에서 약 80퍼센트가 지방 성분일 정도로 고칼로리 식품입니다. 혈액을 생성하는 조혈기관이기에 철분과 인 등의 미네랄과 각종 비타민도 풍부한 천연 종합 영양제이기도 합니다. 게다가 단단한 뼈조직에 둘러싸여 있기 때문에 잘 상하지도 않지요. 인류가 새롭게 찾아낸 이 고지방 고열량 음식은 인류의 생존에 기여했을 뿐 아니라, 이후 지방 덩어리로 이루어진 뇌 용적을 늘리며 체구를 키우는 바탕이 되었습니다. 이처럼 초기 인류는 다른 동물들의 '뼈를 때리고 등골을 뽑아' 생존하고, 뇌를 키웠습니다. 그렇게 체구와 뇌를 키운 인류는 점차 사냥을 통해 육식의 범위를 확장했고 효율적으로 단백질을 섭취할 수 있었지요.

하지만 문제는 인류가 너무 늘어났다는 것입니다. 학자들의 연구에 따르면, 육식을 즐기던 호모에렉투스의 동시대 인구 규모는 최대 6만 명 정도였다고 합니다. 2023년 현재 세계 인구는 80억이 넘으니, 약 150만 년 동안 인구가 13만 배쯤 늘어

호모하빌리스의 머리뼈. 약 150만 년 전 인류의 조상으로, 동물의 뼈를 깨어 골수를 먹기 시작했다고 추정된다.

난 겁니다. 산술적으로 따지자면 늘어난 인구가 먹고살기 위한 식량 역시 그만큼 늘거나 그 이상이 되어야 합니다. 그런 점에서 고기는 가성비가 떨어지는 먹거리일 수밖에 없습니다.

국제식량안보단체인 AWFWA Well-Fed World의 조사에 따르면, 소와 돼지, 닭의 체중을 1킬로그램 불리기 위해서는 각각 6~12킬로그램, 3.4~6.5킬로그램, 2~2.5킬로그램의 곡물 사료가 필요하다고 합니다. 심지어 이는 먹을 수 없는 부위까지 포함한 무게를 기준으로 한 것이니 우리가 선호하는 부분만 기준으로 하면 소, 돼지, 닭의 사료 전환율은 각각 25킬로그램, 9.4킬로그램, 4.5킬로그램까지 늘어납니다. 곡물 대신 고기를 먹으려면 4.5배에서 최대 25배의 곡물이 더 필요하다는 뜻입니다.

애초에 사람들이 주로 소나 돼지, 닭을 주된 고기 공급원으로 기르기 시작한 것은 이들의 사료 전환율이 그나마 높기 때문인데도 말이지요. 2050년경에는 세계 인구가 100억에 육박할 것으로 예측되는데, 모두가 고기를 먹는 것이 과연 식량 자원의 효율적 분배에 도움이 될지는 심각하게 따져봐야 할 것입니다.

고기를 먹지 않고도
단백질을 섭취할 수 있다고?

하지만 고기는 필수아미노산의 함량과 다양성이 우수하기 때문에 이를 보충하기 위해서 고기를 먹어야 한다는 주장도 있습니다. 실제로 고기는 체내에서 합성할 수 없어 반드시 음식으로 섭취해야 하는 10여 종의 필수아미노산이 모두 포함된 완전 단백질 식품이지만, 곡물이나 채소는 대부분 한두 가지 필수아미노산이 부족합니다.

예를 들어 쌀은 라이신이 부족하고, 밭에서 나는 고기라는 별명을 지닌 콩 역시도 메티오닌의 함유량이 적어서 이들 자체는 불완전 단백질 식품으로 분류됩니다. 그래서 쌀 혹은 콩만 주로 섭취하는 경우 아미노산 부족 증상이 나타날 수밖에 없지요. 하지만 그것이 꼭 고기를 섭취해야 하는 이유가 되지는 않습니다. 쌀에 부족한 라이신은 콩에 풍부하고, 콩에 부족한 메티오닌은 쌀에 충분하니 쌀과 콩을 섞어서 콩밥을 지어 먹으면 보완할 수 있거든요.

사실 단백질 섭취만 따지자면 세상에는 고기 외에도 훨씬 더 효율 좋은 먹거리가 존재합니다. 바로 곤충입니다. 곤충은 사료 전환율이 1.3:1로 동물성 먹거리 중에 가장 효율이 높으며, 단백질 함유량이나 아미노산 종류 역시도 쇠고기에 맞먹지만 지방의 비율은 월등히 낮은 고단백 저지방 식품입니다. 게다가 크기가 작아 사육 공간도 적게 필요할 뿐 아니라, 세대가 짧고 한 번에 수백 개의 알을 낳기 때문에 번식 효율도 높습니다. 또한 통째로 먹기 때문에 털을 뽑거나 가죽을 벗기는 등의 작업도 필요 없지요.

이러한 장점들에도 불구하고 고기 대신 곤충을 선택하는 이는 많지 않습니다. 곤충을 먹는 것이 아직 익숙하지 않다는 이유도 있지만, 뭐니뭐니해도 고기는 특유의 맛과 질감이 분

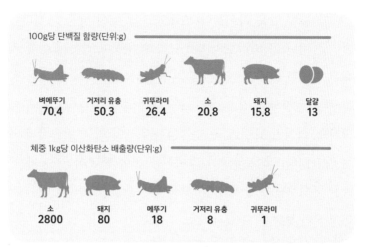

100g당 단백질 함량(단위:g)

벼메뚜기	거저리 유충	귀뚜라미	소	돼지	달걀
70.4	**50.3**	**26.4**	**20.8**	**15.8**	**13**

체중 1kg당 이산화탄소 배출량(단위:g)

소	돼지	메뚜기	거저리 유충	귀뚜라미
2800	**80**	**18**	**8**	**1**

단백질 함량이 많고 이산화탄소 배출량이 적어 친환경 미래 먹거리로 곤충이 주목받고 있다. 현재 식품의약품안전처가 인정한 식용곤충은 귀뚜라미와 메뚜기, 거저리 유충 등 10여 종이다.

명해 이를 포기하기 어렵기 때문입니다. 그러나 그 맛에 이끌려 고기를 선택하는 것을 망설이게 만드는 데는 이유가 있습니다. 바로 고기를 둘러싼 윤리성 문제입니다.

모든 고기는 다른 생명체의 목숨을 대가로 만들어집니다. 고기를 더 많이 원할수록 더 많은 목숨이 사라집니다. 동물이 고기로만 취급된다면, 더 많은 양을 얻기 위해 동물을 단시일 내에 빠르게 살찌워 도축하는 이들이 더 많은 경제적 이익을 가져갈 수 있습니다. 그렇게 되면 가축들은 옥수수를 고기로 바꾸는 기계가 되어 좁은 우리 속에서 그저 꾸역꾸역 강제로 살을 찌우게 됩니다.

자연 상태에서 닭은 10년 넘게 살 수 있지만 대부분의 닭은 달걀에서 나온 지 한 달 남짓이면 프라이드치킨이 됩니다. 원래 20년은 거뜬히 살 수 있는 돼지는 겨우 생후 6개월 만에 삼겹살이 되지요. 게다가 이들에게 주어진 짧은 삶조차 안락하지 않습니다. 최소한의 기간만 생존하면 되기에, 딱 생명을 유지할 수 있을 정도의 환경만 제공될 뿐이니까요.

하지만 동물을 직접 키워본 사람이라면 이들 역시 의식이 있고 고통을 느끼며 친밀한 관계를 형성할 수 있는 존재임을 알 수 있습니다. 그러니 이런 존재들을 그저 고깃덩이로만 바라보는 것이 마냥 편안할 수는 없지요.

또한 고기를 먹기 위해 감수해야 하는 공장식 축산은 단순히 마음만 무겁게 하는 것이 아니라 현실적으로도 대가를 치르게 만듭니다. 대규모 밀집 사육을 통해 기르는 가축들의 분뇨와 부산물, 가축들이 방출하는 메테인과 이산화탄소 등의 온실가스는 심각한 환경문제가 되고 있습니다. 조류독감, 구제역, 아프리카 돼지 열병 등 열악한 축산 환경이 불러온 전염병과 인수공통전염병의 발생은 우리의 건강을 위협하고 있고요.

고기의 맛을 재현한
식물성 대체육과 배양육

이렇게 육식은 경제성, 효율성, 윤리성의 측면에서 문제가 되고 있지만, 고기에 대한 갈망은 사그라들지 않고 있습니다. 그래서 사람들은 고기의 맛과 풍미를 살린 대체 식품을 연구하기 시작했지요.

식물성 대체육은 식물성 재료를 이용해 동물의 고기 맛을 재현한 것입니다. 밀과 콩에서 글루텐과 대두단백을 추출해 고기 대용품을 만드는 것은 20세기 중반부터 시작되었지만, 이것만으로는 고기의 질감과 맛을 흉내 내기 어려웠지요.

고기의 식감, 즉 쫄깃하면서도 결이 씹히는 그 조직감을 재현하기 위해서는 압출성형이라는 방법을 사용합니다. 식물성 단백질을 물과 혼합한 뒤 가열하여 높은 압력으로 압출하면 단백질 분자들이 일정한 방향성을 가지면서 응고되어 고기의 결을 닮은 식물성 조직 단백이 만들어지는 것이지요. 라면의 건더기 수프에 포함된 말린 고기 형태의 내용물이 바로 이 식물성 조직 단백입니다. 여기에 버섯이나 곤약, 해조류에서 추출한 물질을 추가하면 쫄깃함이 배가됩니다. 이렇게 하면 식감은 어느 정도 따라잡을 수 있지만, 여전히 식물성 대체육은

미국 비욘드미트에서는 콩, 코코넛오일, 감자 전분 등의 식물성 재료로 햄버거나 소시지 등을 생산하고, 영국 퀀에서는 곰팡이를 발효시켜 만든 단백질인 마이코프로틴을 원료로 대체육 제품을 개발했다.

고기에 비해 풍미가 부족합니다. 그래서 포화지방을 함유한 코코넛오일, 헤모글로빈과 비슷한 식물성 단백질인 레그헤모글로빈, 붉은 비트즙 등을 이용해 고기를 닮은 향과 색을 입힙니다. 그래도 여전히 고기에 비해 2퍼센트쯤 부족한 느낌이 들지요.

진짜 고기의 맛과 향을 포기할 수 없던 이들은 결국 실험실에서 고기가 자라게 하는 방법을 찾아냅니다. 이런 고기를 배양육이라고 하지요. 고기를 얻고 싶은 동물에게서 근육세포를 소량 추출해 영양분이 풍부한 배양액이 담긴 멸균된 용기에 넣는 것입니다. 세포들은 일정한 시간이 지나면 저절로 분열하며 숫자를 불리니 기다리기만 하면 고기가 자랄 것입니다. 하지만 현실은 기대처럼 수월하게 풀려나가진 않습니다.

가장 큰 문제는 고기가 생각만큼 잘 자라지 않는다는 것입니다. 대개의 정상 세포처럼 배양육을 구성하는 세포도 일정 횟수만큼 세포분열을 한 뒤에는 사멸합니다. 따라서 배양육을 제대로 기르기 위해서는 분열할 수 있는 세포를 주기적으로 공급하거나, 돌연변이가 일어나 세포분열을 무한대로 거듭하는 세포를 사용해야 합니다.

게다가 배양액 문제도 있습니다. 최근 무혈청 배양액을 개발하고 있지만, 기존에는 배양액에 반드시 소태아혈청FBS: Fetal Bovine Serum을 사용했습니다. 소태아혈청은 소를 도축할 때 나오는 죽은 소 태아의 혈액에서 추출한 성분으로, 영양분과 세포 성장인자들이 풍부해서 세포배양을 수월하게 만들어주는 물질입니다. 하지만 가격이 매우 비싸지요. 2013년에 등장한 최초의 배양육 햄버거에 들어간 개발 비용이 약 25만 유로, 한화로 약 3억 6천만 원에 달한 이유도 여기 있습니다. 또한 배양액은 다른 미생물에게도 탐나는 먹거리기에, 안전을 위해 무균상태에서 배양할 수 있는 비싼 시스템을 갖추고 항생제도 추가해야 합니다.

이 모든 문제를 해결한다 해도 마지막 문제가 남습니다. 분명 고기가 되는 동물의 세포로 만들었음에도 불구하고 배양육과 고기는 완전히 맛이 다르다는 것입니다. 사람들이 선호하는 고기는 결합조직과 혈관 및 신경, 지방조직들이 다양하게 얽혀 특유의 식감과 풍미를 만들어냅니다. 그러니 근육세포만으로는 '맛있는 고기'를 만들긴 어렵습니다. 그래서 최근에는 3D 프린터를 이용해 근육세포뿐 아니라, 지방조직과 결합조직을 3차원으로 찍어내는 바이오프린팅 기법으로 고기를 최대한 재현하려는 시도를 하고 있습니다.

고기 먹는 행위를 돌아보고
고민하는 이유

세상 모든 생명체는 무언가를 먹고 살아갑니다. 사자가 얼룩말을 잡아먹고, 북극곰이 바다표범을 사냥하는 것은 당연하기에 아무도 사자나 북극곰을 잔인하다고 비난할 수 없지요.

사람 역시 송곳니를 가지고 있고 단백질의 맛을 탐하기에 고기를 먹는 행위 자체는 비난의 대상이 될 수 없으며, 되어서도 안 됩니다. 하지만 우리가 고기 먹는 것을 고민하고 더 나은 방향을 찾으려고 하는 이유는 인간에게 있어 먹는다는 행위가 작게는 한 개인의 몸을 돌보는 일이지만, 거시적으로 보면 지구 전체의 생태계 균형을 유지하는 행위라는 사실을 알고 있기 때문입니다.

인류는 과거에 그래왔듯이 앞으로도 고기를 먹을 것이고, 그 맛을 즐길 권리를 포기하지는 않겠지만, 동시에 고기를 입에 넣는 행위에 대해 윤리적 가치를 따지는 노력 역시도 계속할 것입니다. 고기를 먹는 행위가 인류를 탄생시키는 하나의 계단이 되었다면, 고기를 먹는 행위에 대한 가치판단은 인간을 더 인간답게 자리 잡게 하는 디딤돌이 되지 않을까요?

본격 배틀 찬반 토론

야호! 용돈 들어왔다~.

편의점 가서 뭐 좀 먹자!

저녁에 치킨 어때? 내가 쏠게!

음……

나 사실 요즘 진지하게 채식을 고려하고 있어. 육식을 안 하거나 줄여야 한다는 생각이야.

왜? 인간이 육식을 안 하는 건 불가능하지 않을까?

인간은 원래 잡식동물이잖아.

동물 뼈로 만든 장신구

아주아주 먼 옛날부터 고기를 먹어왔다고.

이것이 바로 증거!

육식을 했기 때문에 인간은 생존할 수 있었고, 진화할 수 있었다고 해.

뇌와 체격 발달

하지만 요즘은 훨씬 더 다양한 방법으로 양질의 단백질을 섭취할 수 있는걸.

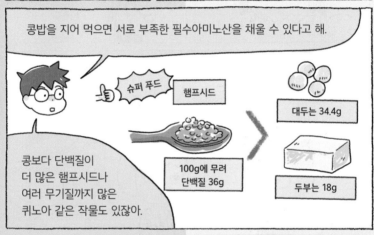

콩밥을 지어 먹으면 서로 부족한 필수아미노산을 채울 수 있다고 해.

슈퍼 푸드

햄프시드

콩보다 단백질이 더 많은 햄프시드나 여러 무기질까지 많은 퀴노아 같은 작물도 있잖아.

100g에 무려 단백질 36g

대두는 34.4g

두부는 18g

지금처럼 육식을 하면 지구 환경에 엄청난 부담을 주게 된다고.

나 하나쯤이야.

세계 인구는 벌써 80억이 넘었어.

냥 냥 냥

80억 명!

축산업이 가져오는 환경문제가 심각하다고 해.

축산업 15%

교통수단 13.5%

축산업으로 인한 온실가스 배출량이 전 세계 교통수단보다 많다잖아.

축산업이 온실가스의 주범이라는 이야기는 과장된 측면이 있어.

축산업의 경우 사육과 유통에 이르는 모든 과정에서 온실가스 배출량을 측정했지만, 교통수단은 주행 중 배출량만 측정했다고 해.

사육·유통 배출량

생산·유통 | 주행 중 배출량

게다가 육식을 하지 않는다고 모든 환경문제가 해결되는 것은 아니잖아!

환경만 문제 되는 게 아니야. 오늘날 사람들은 과도한 육식으로 건강이 나빠지고 있어.

비만

고기를 먹지 않으면 비만이나 성인병을 예방하는 데도 도움이 될 거야.

고기 줄이기!

건강

건강한 식단과 운동은 하지 않으면서 육식만 탓하는 건 문제야.

현대인의 비만은 특정 영양소나 식품 때문이 아니라 가공식품과 불규칙한 생활 때문이라고 해.

건강을 생각한다면 고기 대신 불량한 가공식품을 줄이는 게 맞겠지.

딸랑

그런데 사람들이 고기와 가공식품을 모두 포기할 수 있을까?

일단 이건 꼭 먹어줘야 한다고.

토론 마인드맵

지금은 다양한 방법으로 단백질 섭취가 가능하니 육식을 하지 않아도 된다.

온실가스 배출 등 축산업이 가져오는 환경 문제가 심각하다.

육식을 안 하면 비만이나 성인병을 예방할 수 있다.

그렇다.

인간은 육식을 하지 않는 것이 좋다.

아니다.

인간은 원래 잡식동물로 육식을 하며 생존하고 진화해 왔다.

육식을 안 한다고 환경문제가 해결되지는 않는다.

현대인의 비만 원인은 육식이 아닌 가공식품과 불규칙한 생활 때문이다.

누구 의견이 맞는 것 같아?

온실가스 배출을 줄이는 대체 식품

세계 식량 공급을 위해 매년 발생되는 온실가스 배출량이 전체 온실가스 배출량 중 약 21~37퍼센트를 차지한다고 합니다. 특히 축산업은 전 세계 온실가스 배출량의 약 15퍼센트를 차지하는데, 10억 마리 소가 트림과 방귀로 엄청나게 배출하고 있는 메테인은 이산화탄소보다 온실효과가 23배가량 큽니다. 이에 사람들은 가축을 기르지 않고 먹을 수 있는 고기와 달걀, 우유 등 대체 식품을 만들기 시작했습니다.

닭 없는 달걀은 닭에서 찾아낸 유전자를 효모에 넣고, 이 효모가 달걀 흰자의 주성분 단백질인 '오브알부민'을 만들어내도록 하는 것입니다. 또 우유의 핵심 성분인 유청 단백질을 생산하는 유전자를 합성해 미생물에 주입한 뒤 발효 과정을 거쳐 우유 단백질을 만들어내는 기술을 통해 소 없이도 우유를 만들 수 있다고 합니다. 세계적으로 매년 8억 4천만 톤이 넘는 우유를 생산하고 1조 개가 넘는 달걀을 먹고 있으니, 이런 방법으로 단백질을 섭취한다면 온실가스 배출을 크게 줄일 수 있겠지요.

남성, 여성 말고
다른 성이 있다고?

논제

사회의 다양성을 위해
성별 이분법에서 벗어나야 한다.

#성별 #염색체 #진화 #다양성

아이참, 궁금하네.

 뭐가 또 궁금하실까.

 요즘 학원 가기 전에 들르는 카페가 있는데,
거기 알바가 바뀌었거든? 근데 아무리 봐도
여자인지 남자인지 모르겠단 말야.

 보면 딱 알지 않아?

 어떻게 보면 예쁘장한 남자 같고,
어떻게 보면 걸크러시 언니 같아.

 목소리 들으면 알겠지. 남자랑
여자랑 목소리가 다르잖아.

 그래서 내가 일부러 말을 걸어봤거든? 근데
목소리도 중성적이더라구. 이렇게 구분 안 되는
사람은 처음이라 호기심이 마구 솟는 거 있지.

 너도 참 못 말리겠다. 근데 그게 뭐가 중요해?
세상에 꼭 남자랑 여자만 있는 것도 아닌데.

 잉, 무슨 소리야? 그럼 남자랑
여자 말고 다른 성도 있다는 거야?

성의 구분

성별을 원하는 대로 선택해서
표기할 수 있다고?

지난 2022년 4월 11일, 미국 국무부는 앞으로 미국에서 성 중립gender neutral 여권이 발급될 것이라고 공식 발표했습니다. 여권의 성별란에 남성을 M, 여성을 F로 표기하는 것에 더해 남성도 여성도 아닌 성소수자의 젠더를 X로 표기할 수 있게 된 것이지요.

젠더gender란 일반적으로 생물학적 성별sex과는 구분되는 사회적 성 역할을 의미하는 말로 쓰입니다. 젠더를 X로 표기하는 것은 육체적이나 정신적으로 확고하게 남성 혹은 여성으로 구분되지 않거나 혹은 구분하기를 거부하는 사람들을 모두 포함하는 제3의 성을 나타내는 것입니다. 그래서 법적 성인 이라면 누구나, 그리고 16세 미만의 청소년들도 부모의 동의 하에 여권 성별 정보에 X를 표기할 수 있으며, 이때 의학적 증명서를 첨부할 필요도 없습니다. 다시 말해, 여권에 기존의 성별 구분인 여성 혹은 남성 대신 제3의 성을 나타내는 X를 쓰는 건 전적으로 본인의 선택에 달려있다는 말입니다.

자신의 성별을 원하는 대로 선택해서 신분증에 써넣을 수 있다니, 흥미롭지만 한편으로는 뭔가 어색하기도 합니다. 과연 성별이라는 것이 자신이 원하는 대로 선택할 수 있는 것일까요? 성별은 태어날 때부터 결정된 것이 아니었던가요?

남녀를 나누는 기준은
성염색체의 차이

성별이 날 때부터 정해져 있다는 생각의 바탕에는 사람의 성별이 염색체에 따라 결정된다는 생물학적 이유가 자리 잡고 있습니다. 사람의 유전물질은 총 30억 쌍의 DNA로 이루어져 있습니다. 모두 세포 안에 있는 작은 세포핵 속에 들어있지요. DNA 한 쌍의 크기가 약 0.6나노미터 정도이니, 하나의 세포에 들어있는 30억 쌍 DNA의 전체 길이는 약 1.8미터에 이를 정도로 깁니다.

평소에 이 DNA들은 아주 가늘고 긴 실 형태로 풀어져 있지만, 세포가 분열할 때에는 몇 개의 덩어리로 뭉쳐집니다. 이때 풀어진 DNA들을 염색사, 뭉쳐진 DNA 덩어리들을 염색체染色體, chromosome라고 부르죠. 처음에 염색체를 발견했던 사람은 이 덩어리가 도대체 뭔지 알 수가 없었기에 그저 염색 물질에 예쁘게 염색이 잘 된다고 이런 이름을 붙여주었다고 합니다.

염색체의 개수는 생물 종에 따라 달라집니다. 사람의 경우는 모두 46개, 즉 23쌍의 염색체를 가지는데 그중 22쌍은 상염

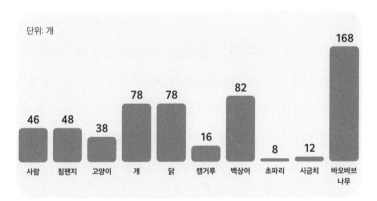

생물종에 따른 염색체 수. 생물들은 어버이로부터 각각 하나씩 염색체를 받기 때문에, 보통 같은 염색체가 2개씩 존재한다. 그렇기에 일반적으로 생물의 염색체 수는 짝수이다.

색체로 남녀 모두 동일하지만, 1쌍만은 다릅니다. 여성의 경우 X염색체라고 하는 같은 모양의 염색체 2개가 짝을 이루지만, 남성은 X염색체 1개와 Y염색체라고 하는 이보다 훨씬 작은 염색체 1개가 짝을 이루지요. 이 한 쌍의 염색체에 따라 생물학적 성별이 달라지기에 이들을 성염색체라고 합니다.

염색체 구성으로만 본다면 사람은 X염색체가 2개면 여성, X염색체와 Y염색체가 각각 1개씩이면 남성인 것입니다. 사람의 성별은 태어날 때부터, 아니 난자와 정자가 수정될 때부터 결정되는 것이고, 유전자 자체를 바꾸지 않는 한 성별 구분은 매우 명확하고 바뀔 수 없는 것처럼 보입니다. 하지만 생물의 세계에서는 늘 예외가 존재하지요.

기본적으로 성염색체가 XX면 여성, XY면 남성으로 나뉘지만, 현실에는 이와는 다른 성염색체 조합을 가진 사람이 존재합니다. 난자와 정자 같은 생식세포가 만들어질 때 염색체 수가 반으로 줄어드는 감수분열을 하지요. 그런데 이 과정에서 오류가 생겨 성염색체가 하나도 없거나 혹은 두 개를 모두 가지는 경우, 이들이 수정란을 만들게 되면 성염색체가 하나 부족하거나, 하나 혹은 두 개가 더 있거나 할 수 있습니다. 이론적으로는 기본인 XX, XY를 포함해 X, Y, XXY, XXX, XYY, XXYY, XXXY, XXXX 등의 조합이 생겨날 수 있는 것입니다.

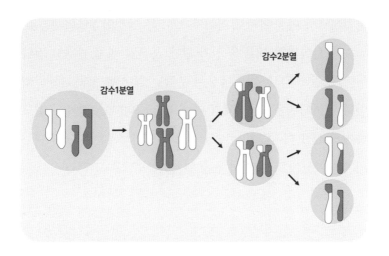

감수2분열

감수1분열

난자와 정자 같은 생식세포들은 위와 같은 감수분열의 과정을 거쳐 만들어진다. 두 개의 세포가 만나서 하나의 수정란을 형성하기에 염색체 수를 체세포의 절반인 23개로 줄여두는 것이다.

그렇다면 이들의 성별은 어떻게 결정될까요?

아기가 태어났을 때 염색체 검사를 하는 사람은 거의 없습니다. 그러니 우리는 생식기의 모양을 보고 남자아이인지 여자아이인지 짐작해 구분할 뿐이죠. 생식기의 모습만 가지고 판단하면 대개는 X염색체의 개수에 상관없이 Y염색체를 가지면 남성으로 보이고 그렇지 않으면 여성으로 보입니다. 그런데 이것조차도 절대적이지 않다는 게 문제입니다.

우리나라에서 있었던 일입니다. 한 성인 남성이 친족 확인을 위해 Y염색체 일치 여부 검사를 받았습니다. Y염색체는 아버지에게서 아들에게로 이어지므로, 두 남성의 Y염색체를 비교해 일치한다면 이들은 친자 관계 혹은 친형제 관계일 것입니다. 그런데 검사 결과 예상치 못했던 일이 벌어집니다. 의뢰인의 염색체에는 Y염색체가 아예 없었습니다. 놀랍게도 겉모습이 의심할 여지없이 남자였던 그의 성염색체는 XX, 즉 여성의 염색체였지요. 도대체 무슨 일이었을까요?

XX와 XY 사이에 놓인
수많은 스펙트럼

이렇게 염색체의 성별과 신체적 성별이 달라진 이유는 염색체의 구조적 이상 때문이었습니다. 남성을 결정하는 데는 Y염색체의 일부인 SRYSex determining Region of Y 부분이 매우 중요합니다. 발생 초기의 태아는 염색체가 XX인지 XY인지 상관없이 장차 남성생식기가 될 볼프관과 여성생식기가 될 뮐러관을 모두 다 가지고 있습니다. 이때 둘 중 어느 쪽을 발달시키고 퇴화시킬지에 대한 열쇠를 쥐는 것은 바로 호르몬이고, 이 호르몬을 분비하는 데 영향을 미치는 것이 SRY입니다.

태아의 성별이 정해지는 분기점은 임신 8주경입니다. 보통의 남자 태아라면 이때쯤 Y염색체의 SRY에 있는 유전자가 작용하여 고환을 만들고, 여기서 남성호르몬인 테스토스테론과 뮐러관 억제 인자를 만들어냅니다. 남성호르몬은 볼프관을 발달시켜 남성생식기를 만들고, 뮐러관을 퇴화시켜 남성의 몸을 만들지요. 반대로 보통의 여자 태아라면 SRY를 갖지 않을 테니 임신 8주가 지나도 남성호르몬의 자극을 받지 않습니다. 이런 상태가 임신 10주경까지 지속되면 억제 인자에 노출되지 않은 뮐러관이 자연스럽게 자라나 여성생식기로 분화되고, 볼프관은 저절로 퇴화하여 사라집니다.

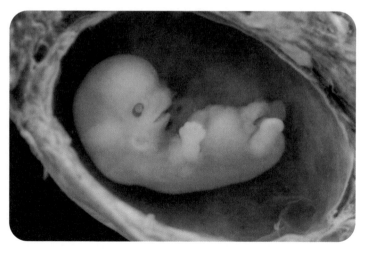

임신 8주경 태아의 모습. 이 무렵 남성호르몬인 테스토스테론의 자극을 받느냐 못 받느냐에 따라 태아의 성별이 결정된다.

그런데 정자 형성 과정에서 염색체 분열 오류로 Y염색체에서 SRY가 떨어져 나가거나 혹은 이 부위에 돌연변이가 생겨나 기능을 하지 못한다면, 고환이 제대로 만들어지지 못하는 것이죠. 그렇게 되면 테스토스테론이 분비되지 못해 볼프관은 퇴화하고 뮐러관이 발달하기 때문에 XY 염색체를 지닌 여성이 태어납니다. 반대로 정자의 분열 과정에서 우연히 떨어져 나온 SRY가 X염색체에 끼어들면 XX 염색체를 지닌 남성이 태어납니다.

또, SRY와 상관없이 남성호르몬에 문제가 생겨도 염색체의 성별과 몸의 성별이 달라질 수 있습니다. 예를 들어 안드로겐 무감응 증후군을 가진 사람의 염색체는 XY이고 남성호르몬도 나오지만, 남성호르몬을 받아들여 기능을 수행하는 수용체에 돌연변이가 일어나 사용하지 못해서 겉모습이 여성으로 태어나 자라지요. 염색체와 외부 생식기가 일치하지 않는 경우, 남성과 여성의 생식기를 모두 가지는 경우, 생식기의 모습을 구분하기 모호한 경우, 생물학적인 성과 스스로 느끼는 성적 정체성이 다른 경우 등 현실의 성별 구분과 성적 정체성에는 엄청나게 다양한 스펙트럼이 존재합니다.

성별의 구분을 사람이 아닌 다른 생물 종까지 확대하면 그 스펙트럼은 더욱더 다양해집니다. 거북이나 도마뱀, 악어와 같은 파충류의 성을 결정하는 요인은 알 주변의 온도입니다. 바다거북은 알 주변의 온도가 28도보다 낮으면 수컷으로, 높으면 암컷으로 태어납니다. 악어의 경우는 32도 이상이면 수컷, 30도 이하면 암컷이 태어나지요. 어류의 경우에도 광어로도 불리는 넙치의 어린 물고기를 수온 25도 이상에서 30일 넘게 키울 경우 100퍼센트 모두 암컷이 됩니다. 이렇게 알 주변의 온도에 따라 성별이 결정되는 것을 온도 의존성 성 결정TSD: Temperature dependent Sex Determination 이라 부르지요. 이들의 성별을 결정하는 유전물질이 온도에 민감해서 온도에 따라 유전자의 스위치가 켜지고 꺼지는 정도가 달라지기에 일

어나는 현상입니다.

심지어 상황에 따라 성이 바뀌는 생물도 있습니다. 흰동가리라는 물고기는 암수가 짝지어 살면서 성별이 아직 정해지지 않은 새끼를 함께 키우는데, 암컷이 죽으면 수컷이 암컷으로 바뀌며 새끼 중 가장 큰 놈이 수컷이 되어 아빠의 역할을 맡습니다. 감성돔의 경우, 태어날 때는 모두 수컷이지만 살아남아 몸길이가 30센티미터 이상으로 커지면 암컷으로 변화합니다. 알을 만드는 데 에너지와 영양분이 많이 들기에 몸이 어느 정도 커진 후에야 알을 낳는 것이 생존에 유리하기 때문이죠. 굴 역시도 이런 식으로 처음에는 수컷이었다가 시간이 지나서 덩치가 커지면 암컷으로 바뀌는데, 일단 암컷으로 바뀌었더라도 주변 환경이 좋지 못하면 다시 수컷으로 돌아갑니다. 이처럼 동물 세계에서 성이란 처음부터 결정된 것도 아니며, 자라면서 얼마든지 유동적으로 바뀔 수 있습니다.

성의 구분은
다양성을 위해 생겨났다

인간의 성별은 유전적 특성에 의해 결정되지만, 생식세포

형성 과정이나 발달 과정에서 끼어드는 아주 작은 방해 요소들이 이에 영향을 미칠 수 있습니다. 그건 내가 선택할 수도 없고, 안다고 바꿀 수 있는 종류의 것도 아닙니다. 또한 이런 성염색체 이상 형태는 생각보다 흔해서 보통 400명 중의 1명 꼴로 발생한다고 합니다. 다시 말해, 우리나라 인구 5천만 명 중에 약 12만 5천 명이, 전 세계 인구 중에 약 2천만 명이 성염색체 이상 증상을 가지고 태어나는 셈입니다.

처음에는 성이 없는 무성 상태였던 생명체들이 진화 과정에서 암컷과 수컷의 두 가지 성으로 분화한 건, 유성생식이 유전적 다양성을 확보하는 데 유리했기 때문입니다. 유전적 구성을 다양하게 만들어야 환경이 변화하고 기생생물이 침입해도 모든 개체들이 한꺼번에 몰살당하지 않을 수 있기 때문입니다. 세상에 존재하는 모든 동물들의 색이 파란색뿐이라면 파란색 필터가 달린 안경을 쓰는 순간, 모든 동물들이 보이지 않을 것입니다. 하지만 동물들의 색이 셀 수 없을 만큼 다양하다면 그 어떤 색의 필터로 세상을 보더라도 여전히 보이는 동물들이 있겠지요.

그렇게 다양성을 확보하기 위해 만들어진 성의 구분이 오히려 수많은 개체들을 단 두 개의 그룹으로 나누고 각자에게 고정된 성 역할을 강제하는 기준이 되었다니 아이러니합니다.

성의 구분은 존재하며 남성과 여성에 속한 이들이 더 많은 것은 분명한 사실입니다. 하지만 세상은 그렇게 둘로만 나뉘지 않으며, 그 사이에 수많은 스펙트럼이 존재하고 있다는 것도 사실이지요. 이를 인정한다면 여성에서 남성, 남성에서 여성에 이르는 수많은 스펙트럼 사이에서 자신이 어디에 설 것이며, 어떻게 스스로의 성 역할을 수행할지를 결정하는 것 역시도 개인의 진중한 선택의 결과임을 알게 될 것입니다.

본격 배틀 찬반 토론

이걸로 해야겠다!

남자 조카라고 파란색이야?

진부해!

요즘은 남녀에 따른 색깔 구분을 넘어서 성별 이분법에서 벗어나는 추세라고.

미국에서는 여권에 제3의 성을 표기할 수 있대. 자기 성정체성이 남녀로 구분되지 않거나 구분하기를 거부하는 사람은 X를 쓸 수 있는 거지.

웹사이트에 가입할 때도 성을 자유롭게 적을 수 있고.

NAME ○○○

SEX / SEXE
X

헉, 그래도 성의 경계를 아예 허물어버리는 건 위험한 것 같아.

남자도 여자도 아니라니, 성 정체성을 만들어가는 과정의 아이들에게는 오히려 혼란스럽지 않을까?

XX

XYZ

XY

남성, 여성 말고 다른 성이 있다고?

처음엔 혼란스러울 수도 있겠지. 그렇지만 성별 다양성이 커지면 장점이 더 많아질 거야.

인종, 성별, 연령 등을 다양하게 고용하면, 기업의 창의성이 높아진다고 해.

성별 이분법에서 벗어나는 것은 사회의 다양성에 도움을 주고,

다양성이 공존하는 사회일수록 경직되지 않아 창의성이 잘 발휘될 수 있다는 거지.

꼭 그럴까? 게다가 그건 미국이나 호주 같은 나라에 해당되는 이야기 같아.

거긴 워낙 인종이 다양하니까.

한민족

한국어, 한글

우리나라는 같은 문화를 공유하는 단일민족국가잖아.

외국인이나 이민자가 많이 늘어나기는 했지만, 아직까지는 전통을 유지하고 계승하는 게 필요하지 않을까?

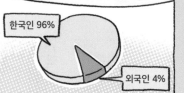

하지만 우리나라도 인구의 4%가 외국인인걸. 이제는 다양성을 통해 발전할 때야.

한국인 96%

외국인 4%

국내의 몇몇 기업도 성별, 인종, 장애, 연령에 관계없이 일할 기회를 주며 구성원들의 심리적 안정을 추구한다고 해.

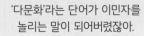

동성 결혼 인정

이렇게 다양성을 포용하게 되면 사회적 안정감도 높아질 거야.

글쎄, 우리나라 같은 경직된 사회에서 성별 이분법을 없앤다면 오히려 반발을 불러올 것 같아.

'다문화'라는 단어가 이민자를 놀리는 말이 되어버렸잖아.

사회적으로 준비되지 않은 상태에서 성별 다양성을 인정하자는 주장은 오히려 새로운 편견과 차별을 만드는 일이 되지 않을까?

남자도 여자도 아니라고?

괴물이다!

아니! 나는 오히려 거꾸로 생각해.

성별 다양성을 인정하는 건 남녀 구분을 넘어서 훨씬 다양한 사람들의 모습을 인정한다는 거잖아.

성별 이분법 폐지는 남녀 성 역할 고정관념에 따른 성차별 문제를 해결하는 데에도 도움이 될 거야.

여자 건축사

남자 미용사

남녀 구분 없는 옷

CASHIER

포장됐습니다!

근데 저분은 여자? 남자?

쉿!

그게 중요하지 않다고 지금까지 얘기한 거잖아!

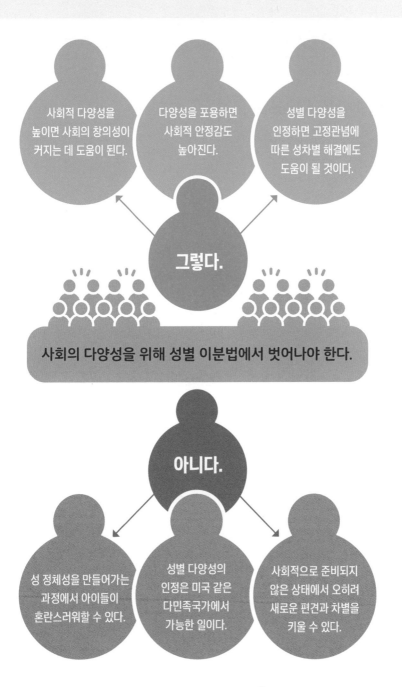

사회적 다양성을 높이면 사회의 창의성이 커지는 데 도움이 된다.

다양성을 포용하면 사회적 안정감도 높아진다.

성별 다양성을 인정하면 고정관념에 따른 성차별 해결에도 도움이 될 것이다.

그렇다.

사회의 다양성을 위해 성별 이분법에서 벗어나야 한다.

아니다.

성 정체성을 만들어가는 과정에서 아이들이 혼란스러워할 수 있다.

성별 다양성의 인정은 미국 같은 다민족국가에서 가능한 일이다.

사회적으로 준비되지 않은 상태에서 오히려 새로운 편견과 차별을 키울 수 있다.

그럼 네 생각은 어때?

생식세포 감수분열

46개의 염색체를 가진 인간의 생식세포는 감수분열을 통해 염색체 수를 절반으로 줄여 정자와 난자를 만듭니다. 그래야 정자와 난자가 결합했을 때 46개의 염색체를 유지할 수 있으니까요.

감수분열은 감수1분열과 감수2분열의 연속적인 과정을 거쳐 4개의 딸세포를 만듭니다. 감수1분열에서는 모양과 크기가 같은 상동염색체가 짝을 이루어 염색체 2개가 붙은 2가염색체를 만들고, 이 염색체가 분열하여 염색체 수를 줄이며 2개의 딸세포가 만들어집니다. 이어지는 감수2분열에서는 두 가닥의 염색분체가 분리되면서 4개의 딸세포가 만들어지는데, 이때 줄어든 염색체 수가 그대로 유지됩니다.

DNA를 두 배로 늘리는 단계에서 상동염색체 쌍은 유전자 재조합 과정을 거치는데, 이때 염색체 쌍끼리 유전정보를 서로 교환합니다. 이를 '교차'라고 하지요. 부모의 유전자가 재조합 없이 결합한다면 모든 형제자매는 같은 유전자를 가질 수밖에 없습니다. 하지만 교차를 통해 유전정보가 서로 다른 4개의 딸세포가 생기기 때문에 언니와 오빠, 동생이 서로 다른 염색체를 갖게 되는 것입니다.

에코백이 환경에
도움이 안 된다고?

논제

모든 제품에 의무적으로
탄소발자국을 표기해야 한다.

#생분해성 플라스틱 #소비 #환경 #생태계

그 신발주머니 같이 생긴 건 뭐야?

신발주머니라니! 에코백이잖아.

에코백?

요즘 일회용품으로 인한 쓰레기가 문제라며?
그래서 비닐봉지나 종이가방 대신에 쓰려고 에코백을
샀어. 근데 에코백 이쁜 거 많더라. 가격도 안 비싸고.
그래서 여러 개 샀지. 너도 하나 줄게.

고마워. 근데 이렇게 여러 개 사면 언제 다 써?

다 쓸데가 있다고. 매일 하나씩 다르게
들고 다니지 뭐. 나 멋지지? 환경을 위해
종이가방 대신 에코백을 쓰는 멋쟁이~.

근데 환경을 생각한다면 뭐든 많이 사는 것보다는
하나만 사서 아껴 쓰는 게 좋지 않을까?

아, 그건 나중에 고민하자. 일단
오늘은 이 에코백 들고 쇼핑하러
가자. 오늘 대박 할인한대~.

탄소발자국

쌓여가는 에코백과 텀블러,
환경에 좋을까?

일회용품이 환경에 미치는 악영향에 대해서는 이미 충분히 알려졌기에, 일회용품 줄이기에 자발적으로 나서는 단체나 개인들이 많아졌습니다. 상점에서는 비닐봉지 대신 종이봉투를 준비하고, 소비자는 장바구니를 챙깁니다. 텀블러를 이용하면 음료 값을 할인해 주는 카페들도 생겨났지요. 이런 추세에 발맞추어 사은품으로 에코백이나 텀블러를 제공하는 곳이 많아졌고요. 하지만 대부분 포장조차 뜯지 않은 채 그대로 쌓여있기도 합니다.

학교에서 하는 체육대회나 축제를 살펴볼까요? 반 대항 경쟁을 위해 응원 도구를 준비할 때 일회용품인 플라스틱 응원 봉이나 응원용 술 대신 티셔츠 같은 응원용 복장을 단체로 맞추는 경우가 많아졌습니다. 하지만 대부분 질이 좋지 않은 값싼 물품인데다 일상에서 입기에는 색이나 문구가 어색해 대개는 하루 입고 옷장에 넣어두었다가 분리수거함으로 들어가게 되지요. 이렇게 일회용품을 쓰지 않기 위한 노력이 오히려 더 무겁고 값비싼 쓰레기를 만들어내는 것 같은 것은 그저 기분 탓일까요?

플라스틱 가방이
가장 환경에 부담을 덜 준다고?

그러던 중 한 연구에 눈길이 갔습니다. 2021년 싱가포르 연구진이 발표한 바에 따르면, 기존의 상식과는 달리 재사용 가능한 고밀도 플라스틱으로 만든 가방을 사용하는 것이, 종이봉투나 천 가방 즉 에코백을 사용하는 것보다 오히려 환경에 부담을 덜 준다는 것이었습니다. 어떻게 이런 결과가 나왔을까요?

연구진은 비닐봉지, 생분해성 비닐봉지, 종이봉투 등 일회

원료 추출과 생산, 배출물 등 전 과정을 평가했을 때 플라스틱으로 만든 폴리프로필렌 부직포 가방을 50번 재사용하는 것이 환경에 가장 영향을 덜 미친다고 한다.

용품과 면으로 만든 천 가방, 폴리프로필렌 부직포 가방을 비교해 이들이 환경에 미치는 영향을 분석했습니다. 일회용 비닐봉지는 말 그대로 한 번 사용하지만, 천 가방과 부직포 가방은 보통 50회 이상 재사용합니다. 이런 기준으로 비교해 보니, 가장 환경에 영향을 덜 미치는 것은 50회 재사용한 폴리프로필렌 부직포 가방이었다고 합니다.

그다음은 일회용 비닐봉지, 생분해성 비닐봉지, 천 가방, 종이봉투의 순이었다고 하는데, 50회 재사용한 부직포 가방에 비해 각각 14배, 16배, 17배, 81배나 지구온난화에 미치는 부담이 높았다고 합니다. 환경에 미치는 영향은 원료 생산에서 발생하는 오염 및 만드는 과정의 온실가스 발생량, 분해 이후 생태 독성 발생 가능성, 토양 산성화 및 수질 부영양화 발생 가능성 등을 다각적으로 분석했습니다. 천 가방의 경우 면의 원료가 되는 목화 농사를 지을 때 토지에 대한 영향과 물과 비료, 농약 사용량 등도 포함되는 것이지요.

기존에는 비닐이나 플라스틱이 아닌 천 가방이나 종이봉투는 썩기 때문에 환경에 미치는 영향이 적다고 생각했습니다. 하지만 종이봉투와 천 가방을 생산할 때는 훨씬 더 많은 원료와 에너지가 필요하며, 가공 과정에서 발생하는 탄소의 양도 높습니다. 물론 이들은 재사용할 수 있기 때문에 사용하면 할수록 악영향의 정도는 점점 더 낮아질 것입니다. 그렇다면 대체 몇 번이나 재사용해야 할까요?

국제환경연구단체인 CIRAIG에서 발표한 자료에 따르면 컵이나 텀블러를 최소 100회 이상 재사용해야 일회용 종이컵에 비해 환경에 미치는 부담이 줄어든다고 합니다. 그런데 문제가 하나 있습니다. 재사용을 위해서는 텀블러를 깨끗이 씻어야 합니다. 만약 텀블러를 씻는 데 매번 세제를 쓰고 온수를 3리터 이상 사용한다면 그냥 일회용 컵을 쓰는 것이 환경에 더 낫다는 결론이 나오는 것이지요.

비닐봉지와 에코백을 비교한 연구에서도 마찬가지입니다. 영국과 덴마크 과학자들의 연구에 따르면, 에코백 하나를 최소 131번 재사용해야 비로소 일회용 비닐봉지보다 환경에 미치는 영향이 줄어든다고 합니다. 7100번 이상 사용해야 만들면서 발생한 오염을 회복할 수 있고요. 환경에 부담을 덜 주기 위해 에코백과 텀블러를 사용한다면, 최소 수백 번 이상 사용해야 하고, 씻거나 빨 때도 에너지를 덜 쓰는 방법을 고심해야 합니다. 그렇지 않다면 선한 의도가 좋은 결과로 이어지지 못하는 헛수고가 될 가능성이 큽니다. 누군가는 이런 현상을 '에코백의 역설'이라고 부르기도 하지요.

저절로 썩지 않는
생분해성 플라스틱

싱가포르 연구진들의 발표에서 또 주목할 점은 폴리프로필렌 부직포 가방에 비해 일회용 비닐봉지가 16배, 생분해성 비닐봉지가 14배 더 환경에 부담을 준다는 것입니다. 이상한 일입니다. 플라스틱의 환경오염 문제가 주로 썩지 않는 난분해성에서 기인한다면, 일명 '썩는 플라스틱'인 생분해성 플라스틱은 그 영향력이 현저히 낮아야 하지 않을까요?

현재 주로 생산되는 생분해성 플라스틱의 원재료는 폴리젖산, PLAPoly-Lactic Acid입니다. 옥수수나 사탕수수를 발효시켜 얻은 젖산을 길게 이어 만든 고분자물질이지요. 주로 옥수수 추출물을 가공해 만들었다고 하여 '옥수수 플라스틱'이라고 불리는데, 기존 플라스틱과는 다르게 미생물에 의해 분해되기 때문에 환경에 부담을 덜 준다는 이유로 각광을 받았습니다. 실제로 PLA는 시간이 지나면 분해되어 젖산으로 쪼개지며 자연의 순환 고리에 들어갑니다. 그런데 왜 환경 영향력

이 일반 비닐봉지에 비해 크게 차이가 나지 않는 걸까요?

어떤 물질을 이루는 분자들이 같다고 최종 산물이 같은 것은 아닙니다. 대표적인 것이 흑연과 다이아몬드지요. 흑연과 다이아몬드의 구성 요소는 탄소로 같지만, 탄소 원자들의 배열에 따라 그 성질은 전혀 다릅니다. 흑연은 손톱으로 긁힐 정도로 무르기에 쉽게 부술 수 있지만, 다이아몬드는 모스경도 기준에서 최고점을 자랑하는 단단한 물질로 어지간해서는 부수기 어렵습니다.

젖산은 분해가 쉬운 물질이지만, 그들을 꼭꼭 뭉쳐 만든 PLA도 쉽게 분해되는 것은 아닙니다. PLA는 수분이 70% 이상이고 온도가 58도 이상이어야 분해되는데, 지구상에서 이런 습도와 온도를 자연적으로 유지할 수 있는 곳은 거의 없습니다. PLA를 빠르고 완전하게 분해하려면 먼저 다른 플라스틱과 분리하여 배출하고 고온 다습하게 유지되는 PLA 전용 분해 시설을 통해야 합니다. 분해 시설을 유지하는 데도 또 에너지가 들고 탄소가 발생할 터이니 다시 이해득실을 잘 따져봐야겠지요. 그래서 최근에는 별다른 조건 없이도 분해율이 높은 생분해성 플라스틱인 PBATPoly-Butylene Adipate Terephthalate 와 PBSPoly Butylene Succinate, PHAPoly Hydroxy Alkanoate 등에 대한 관심이 늘어나고 있습니다.

사기 전에, 버리기 전에
다시 생각해 보기

여기까지 생각해 보니 머리도, 가슴도 복잡해집니다. 환경을 생각해서 에코백과 텀블러를 사고, 일회용품보다는 나을 것 같아 티셔츠를 맞추고, 일부러 생분해성 플라스틱 제품을 골랐던 행동이 오히려 환경에 더 부담을 주거나 도움이 되지 않는 것이었다고 생각하니 말이지요. 게다가 이런 친환경 제품들을 쓸 때도 재질을 따지고, 어떻게 씻고 닦아야 하는지를 고민해야 하니 걱정이 됩니다. 이 모든 것을 따지거나 비교할 시간도 부족하고 방법도 잘 몰라서요.

그럴 때 도움이 되는 것으로 탄소발자국, 물발자국, 오존층 영향, 산성비, 부영양화, 광화학 스모그, 자원발자국 등 7대 영향 범주를 알려주는 환경성적표지 제도가 있습니다. 제품 및 서비스의 원료 채취부터 생산과 수송, 유통, 사용, 폐기 등 전 과정이 환경에 미치는 영향을 계량적으로 표현하는 제도로, 콘크리트, 섬유 유연제, 음료 등 다양한 제품에 표기되어 있습니다. 한국환경산업기술원의 에코스퀘어 웹사이트www.ecosq. or.kr에서는 매달 말일에 업데이트하는 환경표지 제품이나 저탄소 제품 목록을 볼 수 있습니다. 그러니 제품을 살 때 환경

환경성적표지 마크. 2024년 2월 기준 468개 기업에서 약 2400개 제품에 대해 환경성적표지 인증을 받고 있다.

성적표지 마크가 있는지 살펴보고, 환경에 미치는 영향력이 적은 것을 사는 것도 좋겠지요.

하지만 모든 제품에 환경성적표지 마크가 표기된 것도 아니고, 텀블러처럼 재사용을 위해 매번 씻거나 빨 때 자원이 많이 들어간다면 오히려 그 의미가 퇴색되는 경우도 많습니다. 그러니 기억해 두어야 하는 것은 물건을 사거나 버릴 때, 한 번 더 생각해 보는 '신중한 소비자'가 되는 것입니다.

사람들은 돈을 쓰기 전에 가성비와 가심비를 따지고 가격, 디자인, 재질, 크기 등을 고려하며, 선호하는 색깔, 좋아하는 캐릭터, 브랜드 이미지 등을 참고해 지갑을 엽니다. 이에 더해

'신중한 소비자'는 환경 지불 비용과 윤리적 비용까지도 고려하는 꼼꼼하고 현명한 소비자입니다. 탄소발자국이 얼마나 낮은지, 관리와 유지 방법이 복잡하거나 비용이 많이 발생하지 않는지, 얼마나 사용 가능한지, 버릴 때 분리배출 및 재활용이 되는 재질인지, 그리고 애초에 이것이 꼭 필요한 것인지까지 고려해야 진정한 이해득실을 따질 수 있을 테니까요.

　이런 마음가짐은 제품을 살 때뿐 아니라, 먹거리와 행동에도 영향을 미칠 수 있습니다. 탄소발자국을 덜 남기는 이동 수단, 쓰레기를 덜 남기는 생활 방식, 생태계에 영향을 덜 미치는 식습관까지 말입니다. '신중한 소비자'가 되는 것은 결국 인간과 환경이 어우러지게 만드는 첫 발걸음이 될 것입니다.

본격 배틀 찬반 토론

나 어때?

뽀잉

엉? 뭐가?

어제 샴푸 사러 갔는데 저탄소 제품이 있더라. 샴푸, 린스, 샤워 젤!

모두 저탄소 제품으로 다 샀어.

이렇게 환경을 생각하고 소비할 수 있게 모든 제품에 다 탄소발자국 같은 정보를 표기하면 좋겠어.

CO$_2$

진짜 환경을 생각하면 샴푸, 린스 대신 비누를 쓰는 게 좋겠지.

그리고 모든 제품에 환경 정보를 표기하는 게 꼭 필요할까?

저탄소 제품도 결국은 쓰레기를 만들어내고, 환경보호 효과는 미미해. 에코백이나 텀블러를 쓴다고 무조건 환경에 좋은 게 아니라고.

세척 과정에서 물이 오염되는 텀블러

ECO BAG

쌓인 채 방치되고 있는 에코백

아냐. 탄소발자국 같은 환경성적표지는 생산부터 폐기까지 고려해 인증받아.

쓰레기를 만들어내더라도 일반 제품보다는 환경에 부담을 덜 준다는 거지.

가령 어떤 칫솔이 탄소 370g을 배출한다고 하면, 그게 다른 칫솔보다 적은 건지 많은 건지 모르잖아?

탄소 370g

흥!

너 진짜 저탄소 제품 맞아?

결국 모든 제품에 다 표기되어 있어야 비교하고 구매할 수 있는 거지.

그렇게 된다 하더라도 소비자들이 모든 정보를 파악해 다 비교하는 것은 쉽지 않아.

게다가 친환경이라고 홍보하면서 결국 환경에 악영향을 미치는 그린워싱 기업들도 있잖아.

사실 뻥이지

ECO

그린워싱(greenwashing)
: 환경을 위하는 척한다고 해서 위장환경주의, 친환경 위장이라고도 함.

어떤 자동차 회사에서 자신들의 디젤차를 '클린 디젤'이라고 홍보했는데, 실제로 조사했더니

오염 물질이 기준치보다 훨씬 많이 나오는 게 밝혀져 논란이 되기도 했지.

그래서 더더욱 환경 정보 표기를 의무화해야 한다고 생각해.

모든 제품에 환경 정보를 표기해야 한다면 기업은 친환경적인 제품과 기술 개발에 힘쓰게 될 거야.

화장품 용기의 재활용 등급 표시가 의무화되면서 '재활용 어려움'이 표기되었어.

결국 많은 기업에서 접착 라벨을 쓰지 않는 등 화장품 용기를 개선했지.

모든 제품에 탄소발자국을 표기하려면 정부가 주도적으로 해야 할 거야. 관련 법과 제도, 담당 부서를 만들고 시행하는 데 얼마나 많은 돈이 들겠어?

필요한 것들

부서 설립

인력

세금 투입

그거 다 세금으로 하는 일이잖아. 지금처럼 자발적으로 기업이 참여하도록 유도하는 게 좋지 않을까?

일부만 시행해서는 기업들의 참여율을 높이기 어렵고 사람들이 잘 알 수 없어.

내가 저탄소 제품인지 아무도 몰라.

의무화해야지 제도가 빠르게 정착하고 모두 함께 친환경 소비를 해야 한다는 합의를 모을 수 있을 거야.

인증

나 저탄소 제품 맞지?

일단 네 말대로 샴푸, 린스 다 따로 쓰는 것보다 비누를 쓰는 게 좋겠어. 뭘 사면 좋을까?

헐, 또 사러 가는 거야?

가자고!

소비자들이 환경에 대해 생각하며 현명하게 구매할 수 있다.

기업도 친환경 제품과 기술 개발에 힘쓸 것이다.

의무화를 통해 제도를 정착시키고 사람들간의 사회문화적 합의를 이끌 수 있다.

그렇다.

모든 제품에 의무적으로 탄소발자국을 표기해야 한다.

아니다.

친환경 제품 소비가 환경에 미치는 영향이 크지 않은데 정보가 많으면 소비자에게 부담을 준다.

환경에 악영향을 미치면서 제도를 이용해 그린워싱 하는 기업들이 생긴다.

세금이 많이 드는 의무화보다 기업의 자발적인 참여를 유도하는 것이 낫다.

근거를 한번 따져볼까?

기후 위기에 대응하는 미생물

기후 위기가 심각해지면서 세계 곳곳에서 탄소 배출을 줄이거나 탄소 흡수를 늘리는 친환경 기술이 등장하고 있습니다. 미국 생명공학 회사의 연구자들은 미생물 공장을 만들어 폐기물을 소각한 가스나 공장의 배출 가스에 있는 일산화탄소, 이산화탄소, 수소 등을 먹이로 하는 미생물을 활용해 아세톤과 같이 유용한 물질을 생산하는 데 성공했다고 합니다. 온실가스를 원료로 사용하면서 공장 운영에서 배출되는 이산화산소의 양도 현저히 적어 탄소 중립에 일석이조로 기여하는 셈이지요.

우리나라의 KAIST 연구팀에서는 생산하고자 하는 화합물에 맞춤형 미생물 공장을 구축할 수 있는 기술을 제시하기도 했습니다. 미생물이 가진 유전자를 증폭하거나 억제하는 것을 시뮬레이션 프로그램을 통해 예측하면서 유용한 화합물을 적은 비용으로 빠르고 효율적으로 생산할 수 있다고 합니다. 이 기술이 발전하면 지금까지 석유를 이용해 만들던 연료나 화학물질을 미생물을 이용해 친환경적으로 생산할 수 있을 것입니다.

10
라운드

인공지능 시대가
온다고 뭐가 달라져?

논제

인공지능은 인류에게
축복이 될 것이다.

#인공지능 #산업혁명 #경쟁 #공존

으악, 영어 단어가 왜 이렇게 안 외워지냐?

 휴, 낼 시험이라 역사
연대표도 외워야 해.

 요즘에는 자동번역기도 있고,
인터넷으로 아무 때나 검색할 수 있는데!
짜증 나게 이걸 왜 외워야 하는 거지?

 그거야 우린 학생이니까. 학교에서
시험 본다는데 어쩔 거야?

 앞으로는 4차 산업혁명 시대여서 인공지능이
뭐든 해준다잖아. 우리가 인공지능보다 더 잘
기억할 수 있겠어? 어차피 상대도 안 될 텐데
그 시간에 딴것 하는 게 낫지!

 그럼 공부 대신 뭘 하고 싶은데?

 그건 이제부터 생각하려고…….

 야, 정신 차리고 공부나 해.

인공지능과 4차 산업혁명

도대체
4차 산업혁명이 뭐야?

몇 년 전부터 강연에서 4차 산업혁명을 주제로 해달라는 요청을 받는 일이 부쩍 늘어났습니다. 뉴스에서도 틈만 나면 4차 산업혁명이라는 말이 들려오고요. 도대체 무엇을 의미하는 말인데 다들 그토록 야단일까요?

4차 산업혁명이라는 말은 2016년 1월, 스위스 다보스에서 열린 세계경제포럼WEF: World Economic Forum에서 공식적으로 언급되면서 널리 알려졌습니다. 사전적 의미로는 인공지능, 사물 인터넷, 빅데이터 등의 첨단 기술이 경제와 사회 전반에

4차 산업혁명이라는 말은, 2016년 세계경제포럼
에서 의장인 클라우스 슈바프가 처음으로 사용하
면서 회자되기 시작했다.

융합되어 나타나는 차세대 산업혁명이라 풀이됩니다. 하지만
첨단 기술은 대개 발전적이고 희망적으로 받아들이는데, 그
로 인해 벌어질 4차 산업혁명은 절망적이고 부정적인 이미지
가 강합니다. 왜 그럴까요? 그건 지난 세 번의 산업혁명이 준
교훈 때문입니다.

일반적으로 산업혁명은 '1760년대~1840년대에 유럽에서 일
어난 생산기술의 혁신과 제조 공정의 전환, 이로 인해 일어난
사회 경제적 변화'를 뜻합니다. 하지만 4차 산업혁명을 이야기
할 때 이 시기는 1차 산업혁명을 뜻하게 됩니다. 그리고 20세

기 초 대량생산 체제의 도입과 확산을 2차 산업혁명, 1970년 대 이후 일어났던 공장의 자동화를 3차 산업혁명, 2020년 이 후 도입될 것으로 예상되는 생산 시스템의 변화를 4차 산업혁 명으로 구분하지요.

생산성의 혁신적인 증가를 가져온 산업혁명

아주 오랫동안 인간은 노동력의 근원인 동시에 기계나 기구를 돌리는 동력원이었습니다. 가끔은 소나 말 등 가축의 힘을 빌려 농사를 짓고 마차를 몰거나, 바람이나 물의 힘을 이용해 범선이나 물레방아를 움직이게 했지만, 대부분은 사람이 몸으로 때워야 했지요. 그러다가 증기기관이라는 것이 발명되었습니다.

증기기관이란, 말 그대로 물을 끓여서 나오는 증기의 압력으로 터빈을 돌려 기계나 운송 수단의 동력원으로 이용할 수 있는 기관을 뜻합니다. 지금의 시각으로 보면, 당시 증기기관의 열효율은 형편없을 정도로 낮았습니다. 그러나 증기기관은 석탄과 물만 끊임없이 보충해 주면 쉬지 않고 돌아갑니다.

1차 산업혁명에서 증기기관이 움직인 기계 중 하나는 바로 실을 뽑아서 천을 짜는 방직기였습니다. 베틀에 실을 걸어 천을 짜는 것은 그리 복잡한 일은 아니지만, 한 번에 딱 한 올씩만 실을 더할 수 있으니 매우 지루하고 힘든 노동이었습니다. 조선 시대 베 한 필의 규격은 너비 8치, 길이 40자였다고 합니다. 1치는 약 3센티미터이고 1자는 약 30센티미터이니, 베 한 필은 대략 너비 24센티미터에 길이 12미터쯤 되는 긴 천을 의미합니다. 가느다란 실을 한 올 한 올 보태서 12미터짜리 천을 짜려면 도대체 얼마나 많은 반복 작업을 해야 했을까요? 누군

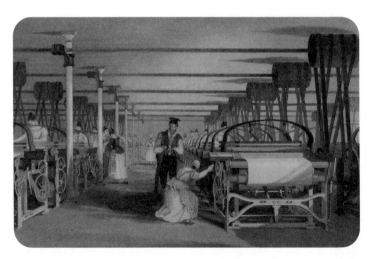

1835년 유럽의 방직공장 모습. 베틀에 앉아 천을 짜는 대신 공장에서 방직기계로 일하는 여성들을 볼 수 있다.

가가 몇 날 며칠을 밤새도록 베틀에 앉아서 고되게 일해야 겨우 천을 만들 수 있었기에 이 천을 손바느질까지 해서 만드는 옷은 정말 귀한 물건이었지요.

그런데 짠, 증기기관이 등장합니다. 물과 석탄을 공급하면, 증기기관은 쉴 새 없이 베틀을 움직여 천을 짜낼 수 있었습니다. 그렇게 증기기관은 동력원으로서 인간을 대신하며 생산성을 높이는 데 큰 도움이 되었지요.

2차 산업혁명은 1920년대 미국의 자동차 왕 헨리 포드의 자동차 공장에서 시작했다고 말하곤 합니다. 당시 자동차는 엔진 전문가가 엔진을 만들면 차체 전문가가 뼈대를 만드는 식으로 숙련된 기술자들이 단계별로 만들었기 때문에, 하나하나의 기술적, 미적 수준은 매우 뛰어나도 생산 속도가 느리고 값도 비쌌습니다. 그런데 헨리 포드는 기존의 자동차 생산방식을 모두 뒤엎고, 모든 공정을 나사못 하나 박는 수준으로 아주 잘게 분해하는 혁신을 단행합니다. 그리고 각각의 공정들이 컨베이어라는 움직이는 벨트에서 순차적으로 이루어지는 대규모 조립라인을 도입하지요.

컨베이어시스템이라고 불리는 이런 방식은 공정을 잘게 쪼개기 때문에 이전에 비해 더 많은 수의 노동자가 필요합니다. 하지만 노동자들이 컨베이어 벨트가 돌아가는 속도에 맞춰서 일하기 때문에 일하는 속도가 빨라지고, 시간당 효율이 높아집니다. 그리고 조립라인의 일들은 매우 간단해서, 몸값이 비싼 장인이나 기술자 대신 저임금 단순 노동자를 고용할 수 있습니다. 생산 효율이 높고 낮은 임금의 노동자를 고용할 수 있는 생산방식은 물건당 생산 단가를 낮추는 효과가 있기에 생산성이 증대될 수밖에 없지요. 그렇게 2차 산업혁명은 산업에 필요한 인력을 기술자와 장인 대신 성실한 공장노동자로 바꾸어 놓습니다.

1960~70년대에 들어서면서 산업 현장에 기계화, 자동화가 이

컴퓨터를 이용해 생산공정을 자동화한 독일의 제과 공장 모습. 기계들이 빵을 포장하고 있으며 사람의 모습이 보이지 않는다.

루어지고 컨베이어시스템의 노동자들이 서서히 자동화된 기계들로 대치되기 시작했습니다. 자동화 기계들은 비록 단순 작업밖에는 할 수 없지만, 이미 2차 산업혁명의 결과 노동이 아주 단순한 작업으로 쪼개졌기 때문에 기계로 대치하는 것이 훨씬 수월했습니다. 게다가 먹고 자고 쉬고 배설하는 생리적 욕구를 충족해야 하는 사람과 달리, 기계는 24시간 쉴 새 없이 일하는 게 가능하기 때문에 사람들이 일할 때보다 생산성이 좋아집니다. 이렇게 3차 산업혁명이 진행되자 사람들은 점차 이 기계들을 관리하고 기획하는 관리자의 역할을 맡게 됩니다.

산업혁명이 인간과
기계의 대립을 가져왔다고?

이제 지난 세 번의 산업혁명이 우리에게 준 교훈이 보이지요? 산업혁명이란 생산성의 혁신적인 증가를 가져온 변화이며, 1차 산업혁명에서는 증기기관, 2차 산업혁명에서는 컨베이어시스템, 3차 산업혁명에서는 자동화와 기계화가 핵심적인 주체입니다. 과학기술의 도움을 받아 산업 현장에서 인간이

하던 일을 기계로 대치하여 인간에게 주는 임금을 줄여 생산성의 증가를 가져온 것이지요.

인간이 하던 일을 기계가 대신한다면, 그 일을 하던 사람은 일자리를 잃게 됩니다. 이는 이미 1차 산업혁명에서부터 예견된 일이었습니다. 사람 열 명이 열 대의 베틀을 돌릴 때나, 증기기관 한 대와 방직기 한 대를 돌릴 때나 생산력이 같다면 자본가들은 증기기관과 방직기를 선택할 것입니다. 인건비는 계속 나가지만, 기계는 초기 설비비를 제외하고는 크게 돈이 들어가지 않으니까요. 그래서 산업혁명 초기부터 인간과 기계의 대립 구도가 만들어졌지요.

노동자들의 불만은 자신들을 일자리에서 밀어낸 기계를 파괴하거나 부수는 행동으로 이어집니다. 이를 러다이트 운동이라고 하지요. 본질적으로는 노동력을 제공하는 노동자와 기계를 가진 자본가의 대립이었지만, 현실에서 노동자의 자리를 대신한 것은 기계였기 때문에 이런 구도가 만들어졌던 것이죠.

하지만 아무리 망가뜨려도 기계는 계속 만들어지고, 생산 현장에 기계가 도입되는 것은 서서히 일상이 되어갑니다. 인간은 기계와의 대결에서 어쩔 수 없이 물러났습니다. 그래서 동력원의 역할을 빼앗긴 1차 산업혁명기의 사람들은 기술을 배우려고 했고, 장인의 역할을 빼앗긴 2차 산업혁명기의 사람들은 노동자로 고용되기를 원했으며, 공장에서 자리를 잃은 3차 산업혁명기의 사람들은 관리사무직으로 일하기 위해 노력했습니다. 당시에 인간이 기계보다 더 잘할 수 있는 일들을 찾았던 것이지요.

경쟁 대신 공존을 통한
새로운 모색

4차 산업혁명기에는 사물 인터넷이 사람의 개입 없이도 스스로 상황을 인식해 적절하게 조율할 것이라고 합니다. 게다가 인공지능은 사람들만이 할 수 있었던 전문화된 일조차 넘볼 것이라고 하지요. 인간이 아무리 노력해도 인공지능의 정보 수집 능력과 계산 능력을 따라갈 수는 없습니다.

오늘날 인공지능이 운전하는 자율 주행 차량은 이미 현실에 가까워졌고, 의사나 변호사, 기자, 조종사 등의 전문직을 보조하는 인공지능이 나왔으며, 심지어는 사람만이 할 수 있다고 생각했던 예술 분야, 즉 회화나 디자인, 작곡이 가능한 인공지능도 등장했습니다. 2022년에는 미국에서 이미지 생성 인공지능 프로그램이 만든 회화 작품이 미술 공모전 대상을

받아 논란이 되기도 했지요.

　일이란 '무엇을 이루려고 몸이나 정신을 사용하는 활동, 또는 그 활동의 대상'이지만, 직업은 '생계를 유지하기 위해 일정 기간 동안 계속하는 일'로 한정됩니다. 그러니 힘든 일을 기계가 대신해주는 건 고맙지만, 내 직업을 기계가 대신하는 것은 내가 먹고사는 일에 위협이 될 수 있습니다. 과거 세 번의 산업혁명은 '기계와의 생산성 대결에서 직업을 잃고 밀려난 인간의 양산'이라는 사회적 딜레마를 만들어냈는데, 이제는 그 기계가 너무 똑똑해져 버린 것이죠. 인류에게 이는 크나큰 위험으로 느껴질 수 있습니다.

앞으로 어떻게 될지 확언할 수는 없지만, 적어도 한 가지는 분명합니다. 이제 20세기 교육에서 강조하던 미덕, 즉 성실함, 근면함, 정직함, 책임감, 조직에 순응하기, 분야별 학습 능력과 같은 가치는 4차 산업혁명 시대에 그다지 유용하지 못하다는 사실입니다. 솔직히 지구상에 있는 어떤 사람도 인공지능이 탑재된 기계만큼 성실하고 근면하게 일할 수 없습니다. 이제 우리가 하던 일을 거의 다 기계가 대신할 수 있다면 우리는 과연 어떻게 살아가야 할까요?

지금 영어 단어와 역사 연대표 외우는 것이 여러분의 미래에 쓸모가 있을지는 알 수 없지만, 그렇다고 안 외우면 당장 내일의 시험과 성적에는 타격이 오겠지요. 그것이 정말로 무의미하다고 생각한다면, 그저 투덜거릴 것이 아니라 적극적으로 고민해 보는 것은 어떨까요? 어떻게 살아가야 하는지를 생각해 보는 것 자체가 4차 산업혁명 시대를 직접 몸으로 겪으며 살아갈 여러분들에게 무엇보다도 의미가 있을 것 같습니다. 대결보다는 공존, 대안보다는 개성이라는 키워드로 말이지요.

지금껏 세 번의 산업혁명에서 인류는 매번 기계가 할 수 없는 일, 즉 대안을 찾아 잠시간의 유예를 얻어냈습니다. 하지만 이제 그 구도를 깨보는 건 어떨까요? 어쩌면 우리에게는 지금껏 꿈꾸어 왔던 세상, 즉 무언가를 생산하는 일은 기계가, 거기서 나오는 생산물을 소비하는 일은 인간이 하는 낙원과 같은 세상이 놓일지도 모릅니다. 기계들이 만든 부를 특정한 누군가가 독차지하지 않고 인간 모두가 누릴 수 있게 된다면 우리는 기계가 못하는 일을 찾아내 그걸 대안으로 삼을 필요가 없습니다.

기계 덕분에 먹고사는 걱정에서 해방된 인류는 저마다 자신의 내면을 들여다보며 가장 행복하게 살아갈 수 있는 방법을 진지하게 고민할 수 있을 지도 모릅니다. 우리는 지금처럼 경쟁과 대안 찾기를 통해 이 문제를 해결하는 것이 좋을까요, 아니면 각자의 개성을 찾아 공존하는 방법을 새롭게 모색해야 할까요?

본격 배틀 찬반 토론

대화형 인공지능 서비스 해봤어?

응, 근데 난 좀 오싹하더라.

실제로 있지도 않은 이야기를 꾸며서 하고 정확하지 않은 정보를 사실처럼 이야기하던데?

신사임당이 조선의 왕?

한글이 중국 거?

그런 문제도 곧 해결되지 않을까?

어쨌든 인공지능이 발전할수록 우린 더 좋은 세상에서 살게 될 거야.

인공지능을 만들고 유지하고 관리하는 일 등 새로운 일자리가 많이 생겨날 거래.

인공지능 덕분에 늘어나는 일자리보다 줄어드는 일자리가 더 많을걸?

텔레마케터, 회계사 등 인공지능으로 대체될 가능성 높아

지금처럼 자동화, 무인화 시스템이 확대되면 인간이 할 수 있는 일은 결국 없어질 거야.

그런 단순한 일을 기계가 대신 해주면 오히려 좋은 거 아냐?

인공지능의 발전으로 사람들은 단순 노동에서 벗어나 보다 창의적인 일을 하게 될 거야.

예술

디자인

기획

과연 그럴까? 인공지능은 배우는 속도도 인간보다 훨씬 빠르고 이제는 창의적인 일까지 할 수 있어.

너무 느려요, 휴먼!

인간은 인공지능의 발전 속도를 따라잡을 수 없다고.

결국 인간은 대부분의 분야에서 인공지능에게 자리를 내어주게 될 거야.

너 설마 인공지능이 인류를 멸망하게 하는 영화 같은 일을 상상하는 거야?

인공지능이 모든 걸 혼자 할 수는 없어. 인공지능을 만드는 것도 결국 인간이잖아.

전원도 인간이 켜!

법과 제도도 함께 보완하면 되잖아. 우리나라를 비롯한 세계 여러 나라에서 인공지능 관련 법을 만들고 있다고.

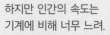

하지만 인간의 속도는 기계에 비해 너무 느려.

껑충!

인공지능 기술은 빠르게 변하기 때문에 법은 가이드라인 수준으로만 규제할 수 있을 거야.

그만!

인공지능이 이렇게 빠르게 발전하다 보면 생각지도 못한 사고가 생기거나 윤리적인 문제를 발생시킬지도 몰라.

자율 주행 차량의 오류

차별적 언어를 학습한 인공지능

너무 복잡해서 예측하기 어려운 상황이라고.

내 생각은 좀 달라. 인공지능은 감정이나 욕구가 없어.

인간은 탐욕 때문에 서로를 괴롭히고 전쟁을 일으키지.

인간적인 욕구와 욕망에서 자유롭기 때문에 오히려 인공지능은 합리적으로 작동할 거야.

우린 그저 명령을 따를 뿐.

어쨌든 그런 영화 같은 미래가 빨리 왔으면 좋겠다.

귀찮은 일들은 인공지능 시키고 우리는 좀 더 창의적인 고민을 해야지!

창의적인 고민?

이를테면… 학교 끝나고 뭐 하고 놀지에 대한 고민?

ㅋㅋㅋㅋㅋㅋ

아 … 네

인공지능을 만들고 관리하는 새로운 일자리가 생길 것이다.

인간은 단순 노동 대신 창의성을 발휘하는 일을 하며 살 수 있을 것이다.

인공지능은 인간의 욕구와 욕망에 자유롭기 때문에 오히려 합리적으로 작동할 것이다.

그렇다.

인공지능은 인류에게 축복이 될 것이다.

아니다.

인공지능이 발전하면 무인화와 자동화가 확대되어 일자리가 줄어들 것이다.

인공지능의 발전 속도가 너무 빨라 인간이 따라갈 수 없을 것이다.

인공지능의 복잡성으로 예측하지 못한 사고나 윤리적 문제가 발생할 수 있다.

누구 의견이 맞는 것 같아?

발전하는 인공지능

1956년 다트머스 컨퍼런스에서 미국의 과학자 존 매카시가 인공지능(Artificial Intelligence, AI)이라는 용어를 제안한 이후, 인공지능은 그 속도를 따라잡기 쉽지 않을 정도로 하루가 다르게 발전하고 있습니다.

2022년에 발표된 챗GPT와 같은 대화형 인공지능 서비스는 대규모 데이터를 학습하여 문장 생성, 질문 응답, 요약 등 다양한 작업을 수행하며 검색과 프레젠테이션까지 영역을 넓혀가고 있지요. 이전까지 단어를 웹사이트에 텍스트나 음성으로 입력해 관련 정보를 나열하는 단순 검색 수준이었다면, 대화형 인공지능 서비스는 웹사이트와 직접 상호작용을 하며 좀 더 복잡하고 섬세한 수준의 검색을 가능하게 합니다.

이렇게 데이터와 패턴을 학습해 대상을 이해하는 기존 인공지능과 다르게 기존 데이터와 비교 학습을 통해 새로운 창작물을 탄생하는 인공지능을 생성형 인공지능이라고 합니다. 글, 그림, 음악, 영상, 만화 등 다양한 생성형 인공지능 서비스가 개발되었고, 점점 더 발전하고 있어요. 인간만 가능하다고 생각했던 창작의 영역을 기계가 넘볼 수 있게 되면서 또다시 새로운 변화를 일으키고 있지요.

장애인 배려, 이거 역차별 아니야?

장애인을 위한 배려와 혜택이 비장애인에게 피해를 준다.

#역지사지 #거울신경 #배제 #공존

앗, 너 다리가 왜 그래? 깁스한 거야?

 휴대폰으로 영상 보면서 버스 내리다가 발목을 접질렸어.

 아프겠다. 괜찮아? 학교에 어떻게 온 거야?

 엄마가 데려다주셨어. 아픈 건 둘째치고 불편해 죽겠어. 계단은커녕 문턱 넘어가기도 힘들다.

 당분간 영어 학원 못 가겠네. 거기 엘리베이터 없잖아.

 응, 집이랑 학교만 갈 수 있을 거 같아.

 엘리베이터만 있어도 좋을 텐데.

 어쩔 수 없지, 뭐. 휠체어나 목발을 이용하니까 다닐 수 있는 곳이 거의 없어. 근데 넌 오늘 왜 이렇게 지각한 거야?

 아! 글쎄, 아침에 지하철 탔는데, 장애인 단체가 나와서 시위하잖아. 이동권을 보장하라면서 지하철 문을 막는 바람에 30분이나 허비했다고. 몸 불편한 사람 상대로 싸울 수도 없고, 답답하더라. 역차별이라는 생각도 들고 말이야.

거울신경

다리가 불편해지면서
알게 된 것들

몇 년 전, 발목을 크게 다쳐 수술을 받았습니다. 수술 후 며칠 입원한 뒤 석고붕대를 하고 퇴원했지요. 사실 병원에 있을 때는 수술 부위가 아픈 거 말고는 크게 불편한 일이 없었습니다. 그런데 막상 집에 오자 상황이 달라졌습니다.

보도블록은 울퉁불퉁했고, 길 중간에 높낮이 차이가 나는 곳도 많았습니다. 게다가 건물 출입문은 대부분 도로와 맞닿아 있지 않고 한두 단 위에 있었지요. 그 한두 단이 휠체어 사용자들에게 높은 장애물이라는 것을 그제야 깨달았습니다. 겨우 10센티미터 남짓한 낮은 턱이지만 휠체어를 타고서는 혼자 힘으로 올라갈 수 없었으니까요.

목발을 사용해도 여전히 불편했습니다. 손이 자유롭지 못하니 무얼 들기도 어려웠고, 목발의 무게로 인해 쉽게 피로해졌지요. 결국 다시 두 다리로 걸을 수 있을 때까지 거의 집에서 머무를 수밖에 없었습니다. 외출이 너무도 불편하고 힘들다 보니 문밖을 나서는 데 상당한 용기가 필요하더군요.

그러다 친구와 백화점에 갔습니다. 주차장은 널찍했고, 휠체어 무료 대여 서비스도 있었습니다. 바닥은 평평하고 매끄러웠으며, 통로가 넓어 움직이는 것이 어렵지 않았습니다. 그제야 알았습니다. 외출이 불편했던 건 제 몸뿐 아니라 환경에도 책임이 있다는 사실을 말이죠. 왜 이제야 알게 된 걸까요?

역지사지를 가능하게 하는
거울신경

인간은 개별적인 존재입니다. 우리는 누구나 자신의 눈으로만 세상을 보고, 자신의 감각으로만 세상을 느낍니다. 아무리 사랑하는 이라 하더라도, 아무리 간절하게 원한다고 해도 다른 사람과 감각을 공유할 수는 없습니다. 그런데 이렇게 개별

적인 존재인 인간이 모든 동물 중에서 거울신경mirror neuron
이 가장 발달한 생명체라고 하니 이상한 일입니다. 거울신경이
란 한 개체가 다른 개체의 특정 움직임을 관찰할 때 활동하는
신경세포입니다. 보는 것만으로도 관찰자 자신이 실제로 행하
는 것처럼 대뇌피질의 세포들을 활성화시키는 역할을 하지요.

거울신경은 1990년대 초에 원숭이를 연구하던 중에 우연히
발견되었습니다. 뇌 연구에서 중요한 것 중 하나가 뇌 지도입
니다. 뇌의 특정 위치와 영역이 어떤 기능을 담당하는지를 지
도에 장소를 표기하듯 그리는 것이지요. 당시 연구진들은 원
숭이를 이용해 뇌의 운동영역을 살펴보던 중이었는데, 이 과

정에서 한 연구자가 우연히 어떤 원숭이가 손을 전혀 움직이지 않는데도 뇌에서 손가락 운동을 담당하는 영역이 활성화된 것을 발견합니다.

가만히 살펴보니, 이 원숭이는 건너편에서 부지런히 땅콩을 까먹는 다른 원숭이의 손놀림을 유심히 바라보고 있었습니다. 거듭 관찰한 결과 연구진들은 원숭이 뇌의 손가락 담당 영역이 직접 손을 움직일 때뿐 아니라, 다른 원숭이들이 손가락을 움직이는 것을 보기만 해도 활성화됨을 알아냈습니다. 그리고 이를 계기로 원숭이뿐 아니라, 인간의 뇌에도 이와 비슷한 역할을 하는 부위가 있다는 것을 알게 되었고 여기에 '거울신경'이라는 이름을 붙여주었습니다.

거울 속 내 모습은 실제로 움직이는 것이 아니라 단지 내 모습을 비춤으로 인해 마치 살아 움직이는 것처럼 보일 뿐입니다. 거울신경 역시 실제적 운동이나 움직임이 없어도 상대가 그 행동을 하는 것만을 보아도 마치 진짜처럼 이를 인식합니다. 그런데 원숭이의 거울신경세포가 주로 움직임을 관장하는 부위에서 발견되는 것에 비해, 사람의 거울신경세포는 운동영역뿐 아니라 뇌의 다양한 부분에 퍼져있어 신체적 움직임, 상대의 표정과 감정, 기분까지도 내면의 거울에 비춰서 인식할 수 있는 차이가 있다고 합니다. 이런 특성 때문에 인간은 타인의 행동과 감정에 쉽게 동조할 수 있는 것이지요.

사실 아무리 산해진미가 산더미같이 쌓여있어도 내가 먹지 않으면, 맛도 포만감도 느낄 수 없습니다. 그런 걸 '그림의 떡'이라고 하지요. 그렇지만 사람들은 인터넷 동영상 속에서 출연자가 맛있는 음식을 먹으며 짓는 표정에 자신도 모르게 빠져듭니다. 이런 먹방 영상이 인기 있는 이유는 거울신경이 발달한 인간의 뇌가 타인의 경험을 쉽게 나의 것으로 대치시켜주기 때문입니다. 이처럼 거울신경이 발달한 인류는 어쩌면 역지사지를 잘할 수 있는 생리적 조건을 타고난 셈입니다.

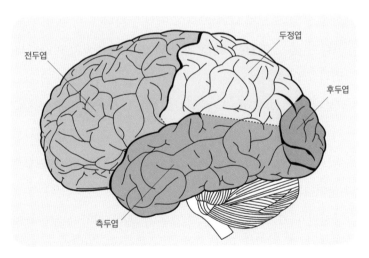

왼쪽에서 본 대뇌의 모습을 그린 뇌 다이어그램. 거울신경은 주로 전두엽 아래와 두정엽 위쪽에 분포되어 있을 것으로 추측된다.

일상에서 장애인을
만나기 어려운 이유

　그럼에도 불구하고 우리는 현실에서 남의 처지를 인식하거나 이해하지 못하는 경우가 많습니다. 심지어 장애인 이동권시위로 출퇴근 시간이 지연되거나 사회적 약자를 위한 제도적혜택에서 자신이 비켜나 있을 때 오히려 역차별을 당한다고느끼기도 하지요. 드라마 속 자폐스펙트럼장애를 가진 천재변호사를 따뜻한 시선으로 보는 이들과 동네에 자폐스펙트럼장애를 가진 아이들이 다니는 학교가 들어서는 것을 결사반대하는 이들은 서로 다른 사람이 아닐 겁니다.

　드라마 속 장애인은 내 삶에 어떤 영향도 미치지 않습니다.그러니 그의 처지에 공감하면서 드라마를 즐기기만 하면 됩니다. 하지만 현실에서는 다릅니다. 시위로 인해 중요한 약속에늦거나, 돌발적으로 행동하는 누군가로 인해 불쾌함을 느낄수 있으니까요. 사람은 누구든 내 일을 방해하고 훼방을 놓으면 싫어지게 마련입니다.

　하지만 화가 나더라도 한 번쯤은 곰곰이 생각해 보았으면합니다. 장애인들은 왜 굳이 다른 이들을 불편하게 하고 화를내게 만들면서까지 이동권 시위를 하는 걸까요? 그들 역시 사람들의 차가운 시선과 원망하는 소리가 부담스러울 텐데 말이죠. 비장애인들의 눈에는 미처 보이지 않는 다른 것이 있는 건 아닐까요?

사실 저도 직접 다리를 다쳐 휠체어와 목발을 사용하기 전까지 장애를 가진 이들이 얼마나 불편할지 생각해 본 적이 없습니다. 그러다 애초에 장애인을 만나본 적도 별로 없다는 것을 깨달았습니다. 가족이나 주변 사람이 장애인이 아니라면, 현실에서 장애를 가지거나 몸이 불편한 이들을 만나는 경험은 그리 많지 않을 겁니다. 우리나라에 유독 장애인이 적어서

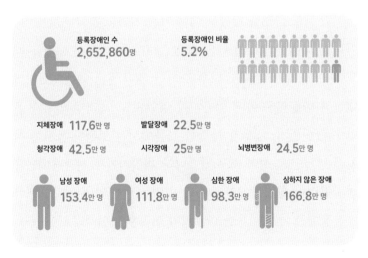

등록장애인 수
2,652,860명

등록장애인 비율
5.2%

지체장애 **117.6**만 명
발달장애 **22.5**만 명

청각장애 **42.5**만 명
시각장애 **25**만 명
뇌병변장애 **24.5**만 명

남성 장애
153.4만 명

여성 장애
111.8만 명

심한 장애
98.3만 명

심하지 않은 장애
166.8만 명

2022년 12월 기준 국내 장애인 규모. 우리나라에 등록된 장애인 수는 약 265만 명으로, 전 국민의 5.2퍼센트에 해당한다.

그런 걸까요? 통계를 보면 결코 그렇지 않습니다.

보건복지부에서 발표한 「등록 장애인 현황 통계」 자료에 따르면, 2022년 12월 기준 국내에 등록된 장애인은 약 265만 3천 명에 달합니다. 우리나라의 총인구가 약 5155만 8천 명인 것을 감안하면, 등록된 장애인의 수는 20명에 1명꼴로 적은 비율은 아닙니다.

그런데 왜 이렇게 일상에서 장애인을 만나기 어려울까요? 여러 가지 이유가 있겠지만, 비장애인이 주류인 세상의 시스템이 장애인을 소리 없이 배제하고 있다는 것도 하나의 이유입니다.

저만 해도 다리를 다쳤을 때는 차를 가지고 갈 수 있는 곳이 아니면 외출할 엄두가 나지 않았습니다. 아이들이 어렸을 때도 유아차에 아이들을 태우고 가는 경우에는 엘레베이터가 없는 지하철역은 아예 이용하지 않았지요. 그러니 입구가 좁고 계단이 많고 내부가 복잡한 건물에서는 보행이 불편한 이들을 만날 가능성이 매우 낮습니다. 마찬가지로 시각장애인용 점자판이나 청각장애인용 자막이 없는 곳이라면 시각장애나 청각장애를 가진 이들을 마주치기 어려운 것입니다.

공존을 위해
배제의 시스템을 없애자

미래 사회에서 가장 중요한 가치는 공존이며, 이를 위해 가장 필요한 것은 상대의 입장에서 생각하고 서로를 이해하는 것이라는 이야기가 점점 더 많아지고 있습니다. 거울신경의 중요성도 점점 더 증대되는 셈이죠. 거울신경은 주로 시각을 통해 활성화되기 때문에 거울신경을 자극하기 위해 필요한 것은 더 많이 보고 더 자주 접하는 것입니다.

회전문 대신 자동문을, 계단 대신 완만한 경사로나 엘리베이터를 설치하고, 타고내리기 쉬운 저상버스를 운행한다면 보행장애인들은 더 수월하게 외출에 나설 수 있을 겁니다. 점자 안내판이나 경고음과 경고등으로 안전하게 다닐 수 있다면 시각장애인이나 청각장애인이 집 밖으로 나올 용기가 생기겠지요. 그리고 이런 것들은 비장애인들이 생활하는 데에도 편리합니다.

큰 짐이 있을 때 엘리베이터가 필요한 것은 누구에게나 마찬가지죠. 경고등이 있더라도 경고음이 있으면 잠시 한눈을 팔아도 위험을 감지할 수 있을 것이고, 저상버스는 폭이 좁은 스커트를 입었거나 아이를 데리고 있을 때 훨씬 더 안전하고 편하게 타고내릴 수 있습니다. 장애인이나 고령자, 임산부 등 사회적 약자를 고려한 배리어 프리barrier free 디자인이 범용 디자인, 즉 유니버설 디자인universal design이라고 불리는 이유가 바로 이것입니다. 가장 불편할 사용자들조차 잘 사용할 수 있는 디자인이라면, 다른 모든 이들도 편리하고 편안하게 쓸 수 있다는 것이죠.

이렇게 환경이 바뀌고 장애인과 비장애인이 만나, 많이 보고 겪으며 익숙해질수록 더 분명해질 겁니다. 무엇이 차별이고 배제인지, 서로를 이해하고 배려하며 공존하기 위해서는 어떻게 해야 하는지 말입니다. 그러기 위해서는 먼저 우리 사회에 깊숙이 퍼져있는 조용한 배제의 시스템부터 없애야겠지요.

본격 배틀 찬반 토론

그러니까 이해하고 조금은 희생해야지.

하지만 장애인을 위해 너무 많은 사회적 비용을 쓰는 건 비장애인에게 돌아가는 혜택을 막는 것처럼 보이기도 하는걸.

….

자원은 한정되어 있는데, 장애인을 위해 많이 쓰게 되면 그만큼 비장애인을 위해 쓰는 것이 적어지잖아.

소득세 감면

자동차 구입 세금 감면

주거 지원

통신 요금 할인

부럽다…

또 장애인 혜택 제도를 오용하는 경우도 있잖아.

장애인을 가짜로 고용 등록하고 지원금만 쏙…

장애인이라고 큰소리치면서 갑질 하는 사람들도 있다고 하고.

OPEN

제도를 편법으로 이용하는 사람이 있다고 해서 그 제도 자체를 문제 삼을 수는 없어.

흠...

아...

그런 제도가 없다면 집 밖으로 나올 수도 없는 장애인이 얼마나 많은데?

우리 사회에서 장애인이 잘 안 보이는 이유는 장애인이 살아갈 수 있는 권리가 충분히 보장되지 않았기 때문이야.

우리나라 국민 20명 중 1명이 장애인인데도!

하지만 불쌍한 사람들을 도와줘야 한다고 강요받는 것은 불편하고 싫어.

당연히 도와야 한다고 생각하지만, 내가 할 수 있을 때 마음에서 우러나서 하고 싶다고.

그 지점이 바로 문제고 편견의 시작이야. 장애인은 무조건 도와줘야 하는 불쌍한 사람들이 아니잖아.

불쌍한 사람 ✕

함께 살아가는 사람 ◯

장애는 극복의 대상이 아니라 주어진 삶의 조건일 뿐!

장애인을 함께 살아가는 다양한 사람들 중 하나로 생각하고 받아들여야 하지 않을까?

그러면 자연스럽게 존중하고 배려할 수 있게 될 거야.

네가 섭섭해할 거 같아서 챙겼어.

앗!

그때 놓친 공연 한정판 굿즈!!!

으앙, 고마워~!

한정된 자원을 장애인에게 쓰면, 상대적으로 그만큼 비장애인에 대한 지원이 줄어든다.

장애인을 위한 제도를 악용하거나 오용하는 경우도 있다.

무조건 배려를 강요하면 거부감을 불러일으킬 수 있다.

그렇다.

장애인을 위한 배려와 혜택이 비장애인에게 피해를 준다.

아니다.

사회적 서비스가 늘어나면 비장애인도 함께 혜택을 누리게 된다.

장애인이 살아갈 수 있는 권리를 보장하는 제도가 필요하다.

장애인을 비롯해 약자와 함께 살아가기 위한 존중과 배려는 사회의 근본이다.

그렇다, 아니다, 넌 어느 쪽?

거울신경

기존의 뇌과학은 인지와 감각, 운동 능력을 주로 연구하였습니다. 거울신경은 이에 더해 공감과 같은 인간의 사회적 능력을 과학적으로 이해할 수 있는 기반이 되었습니다. 거울신경에 대해서는 아직 명확하게 밝혀진 바가 없지만, 뇌의 fMRI로 관찰했을 때 대뇌피질 전두엽 아래와 두정엽 위쪽에 분포하고 있을 것으로 추측됩니다. 인간이 어떤 행동을 하거나 다른 사람이 어떤 행동을 하는 것을 볼 때, 이 부분에서 활발한 반응이 일어나는 것이 관찰되었지요.

자폐스펙트럼 증상을 보이는 사람들의 사회성 결여가 거울신경이 원인이라는 연구도 나왔습니다. 사회 인지 기능이 떨어지거나 다른 사람과 감정이입이 어려운 이유가 거울신경 시스템에 문제가 생겼기 때문이라는 것이지요. 자폐스펙트럼장애 아동을 대상으로 분노, 두려움, 행복, 슬픔 등 여러 가지 감정 표정이 담긴 얼굴을 보여주며 뇌를 관찰한 결과, 감정을 이해하는 정도가 높은 아이는 대뇌피질 전두엽 아래 부분의 활동이 활발하고 그렇지 못한 아이는 활발하지 않은 것으로 나타났다고 합니다.

토론으로 익히는 과학적 사고력

차니와 바니의 열한 가지 토론이 모두 마무리되었습니다. 여러분은 차니와 바니 중 어느 쪽 의견에 더 끌렸나요? 그리고 끌리게 된 이유는 무엇인가요?

여기서 중요한 것은 여러분이 차니와 바니 중 누구의 편을 들었느냐가 아니라, 편을 드는 이유입니다. 가만 들어보면 차니의 말도 옳고, 바니의 의견도 일리가 있습니다. 그러니 둘 중 누구의 편에 서있는지는 전혀 문제가 되지 않습니다. 중요한 것은 편에 선 이유이고, 더 중요한 건 그 이유의 근거와 정당성입니다.

차니와 바니는 그저 말이 나오는 대로 이야기하는 것이 아니라, 자신의 의견을 이야기하고, 그 의견을 가지게 된 이유를 말하고, 그 이유를 뒷받침하는 근거를 들어 자신의 견해를 단단하게 다집니다. 이렇게 의견-이유-근거를 통한 정당성 확보의 과정에 도움을 주는 것이 바로 과학적 사고력입니다. 과학적 사고력은 실질적 증거를 찾고 해석하는 능력, 문제의 원인과 결과를 구분하는 능력, 원인과 결과 사이의 관계를 논리적으로 설명하는 능력, 증거와 논리를 바탕으로 합리적으로 추론

하는 능력, 보편적인 규칙을 찾고 그 규칙에 따라 세상을 이해하는 능력 등이 포함됩니다.

세상이 더 복잡해지고 과학이 더 발전할수록 과학적 사고력은 더 중요해집니다. 현대사회는 정보가 홍수처럼 넘쳐나고, 그럴듯하게 꼬드기는 수많은 유혹의 손길이 도처에 널려있지요. 이 혼란 속에서 중심을 잃지 않고 좀 더 나은 어른으로 성장하기 위해서는 자신의 의견을 분명하게 하고, 그 의견에 대해서는 충분한 근거가 바탕이 된 논리적 이유를 가지는 연습이 필요합니다. 그래요, 과학적 사고력은 결코 저절로 만들어지지 않습니다. 수많은 연습과 시행착오를 통한 수정이 필요하지요. 차니와 바니의 티격태격은 그 예행연습이자, 모의 학습입니다. 두 친구가 꼬리에 꼬리를 무는 이야기를 통해 연습한 것처럼 앞으로 여러분도 이렇게 과학적 사고력을 기르는 법을 연습해 보는 것은 어떨까요?

2024년 하리하라 이은희

자료 출처

15쪽	Bernard DUPONT(flickr)
19쪽	한국직업능력연구원
31쪽	National Portrait Gallery, wikipedia
48쪽	Our World in Data
51쪽	한국환경공단
57쪽	Sam Droege(wikipedia)
68쪽	wikipedia
74쪽	미국질병통제예방센터
88쪽	wikipedia
90쪽	wikipedia
107쪽	OpenStax College(wikipedia)
110쪽	PxHere
125쪽	Ryan Somma
128쪽	농촌진흥청, 농림수산식품부
131쪽	Tony Webster(flickr)
149쪽	lunar caustic(wikipedia)
165쪽	Pixabay
171쪽	한국환경산업기술원 에코스퀘어
182쪽	flickr
184쪽	Wellcome Images
186쪽	wikipedia
205쪽	wikipedia
207쪽	보건복지부

글 이은희

2001년 연세대학교 대학원에서 생물학 석사를 받았고, 2007년 고려대학교 과학기술학 협동과정에서 박사 과정을 수료했다. 2003년 『하리하라의 생물학 카페』로 제21회 한국과학기술도서상 저술상을 받았고, 현재 과학 커뮤니케이터로서 저술, 강연, 방송 등 다양한 활동을 하며 과학책방 '갈다' 이사로 있다. 지은 책으로 『하리하라의 과학 24시』, 『하리하라의 청소년을 위한 의학 이야기』, 『다윈의 진화론』, 『하리하라의 사이언스 인사이드 1, 2』 등이 있다.

그림 구희

글을 쓰고 그림을 그리는 작가. 네이버 베스트도전에 웹툰 「기후위기인간」을 연재한 후 책으로 펴냈다. 다른 만화로는 「구씨 집안 이야기」가 있다. 지구에 해를 끼치지 않으며 사회에 도움이 되는 창작을 하기 위해 욕망과 이상 그리고 모순 사이에서 고군분투한다.

인스타그램 @climate.human

토론 정리 서강선

이화여자대학교 과학교육과를 졸업하고 서울대학교에서 지구과학교육으로 석사 학위를 받았다. 현재 부천 소사중학교 과학 교사이다. 환경과 지속가능발전교육에 관심이 많고, 대화와 경청, 이해와 협력의 힘을 믿는다. 아이들이 과학적으로 세상을 바라볼 수 있게 되기를 바라며, 오늘도 함께 과학 수업을 만들어가고 있다.

하리하라의 과학 배틀

1판 1쇄 펴냄 2024년 4월 15일
1판 2쇄 펴냄 2024년 6월 21일

지은이 이은희 **그린이** 구희
펴낸이 박상희 **편집장** 전지선 **편집** 최민정 **디자인** 황일선
펴낸곳 ㈜비룡소 **출판등록** 1994. 3. 17.(제16-849호)
주소 06027 서울시 강남구 도산대로 1길 62 강남출판문화센터 4층
전화 02)515-2000 **팩스** 02)515-2007 **홈페이지** www.bir.co.kr
제품명 어린이용 반양장 도서 **제조자명** ㈜비룡소 **제조국명** 대한민국 **사용연령** 3세 이상

ⓒ이은희, 구희 2024. Printed in Seoul, Korea.

ISBN 978-89-491-8736-5 44400 / 978-89-491-9000-6 (세트)

즐거운지식

수학 귀신
한스 엔첸스베르거 글·로트라우트 수잔네 베르너 그림/ 고영아 옮김

어린이도서연구회 권장 도서, 열린어린이 선정 좋은 어린이책, 전교조 권장 도서, 중앙독서교육 추천 도서,
쥬니버 오늘의 책, 책교실 권장 도서

펠릭스는 돈을 사랑해
니콜라우스 피퍼 글/ 고영아 옮김

아침햇살 선정 좋은 어린이책, 어린이도서연구회 권장 도서, 책교실 권장 도서

청소년을 위한 경제의 역사
니콜라우스 피퍼 글·알요샤 블라우 그림/ 유혜자 옮김

2003년 독일 청소년 문학상 논픽션 부문 수상작, 한국간행물윤리위원회 청소년 권장 도서, 대한출판문화협회 선정
올해의 청소년 도서, 책따세 추천 도서, 전국독서새물결모임, 한우리독서운동본부 추천 도서

거짓말을 하면 얼굴이 빨개진다
라이너 에를링어 글/ 박민수 옮김

한국간행물윤리위원회 청소년 권장 도서, 책따세 추천 도서

왜 학교에 가야 하나요?
하르트무트 폰 헨티히 글/ 강혜경 옮김

어린이도서연구회 권장 도서, 책교실 권장 도서

음악에 미쳐서
울리히 룰레 글/ 강혜경·이헌석 옮김

네이버 오늘의 책, 열린어린이 선정 좋은 어린이책, 책교실 권장 도서

회계사 아빠가 딸에게 보내는 32+1통의 편지
야마다 유 글/ 오유리 옮김

대통령이 된 통나무집 소년 링컨
러셀 프리드먼 글/ 손정숙 옮김

뉴베리 상 수상작, 경기도학교도서관사서협의회 추천 도서

세상에서 가장 쉬운 철학책
우에무라 미츠오 글·그림/ 고선윤 옮김

한국간행물윤리위원회 청소년 권장 도서, 아침독서 추천 도서

달의 뒤편으로 간 사람
베아 우스마 쉬페르트 글·그림/ 이원경 옮김

어린이도서연구회 권장 도서, 학교도서관저널 추천 도서

청소년을 위한 뇌과학
니콜라우스 뉘첼·위르겐 안드리히 글/ 김완균 옮김

아침독서 추천 도서, 학교도서관저널 추천 도서

클래식 음악의 괴짜들
스티븐 이설리스 글·애덤 스토어 그림/ 고정아 옮김

학교도서관저널 추천 도서

곰브리치 세계사
에른스트 H. 곰브리치 글·클리퍼드 하퍼 그림/ 박민수 옮김

《가디언》 선정 2010 청소년을 위한 좋은 책, 《로스앤젤레스 타임스》 선정 2005 올해의 책, 미국 대학 출판부 협회
(AAUP) 선정 도서, 학교도서관사서협의회 추천 도서, 학교도서관저널 추천 도서, 어린이문화진흥회 추천 도서

가르쳐 주세요!-성이 궁금한 사춘기 아이들이 던진 진짜 질문 99개
카타리나 폰 데어 가텐 글·앙케 쿨 그림/
전은경 옮김

하리하라의 과학 24시
이은희 글·김명호 그림

한국과학창의재단 선정 우수과학도서, 어린이도서연구회 권장 도서